마실에서 만난 우리 동네 들꽃 02

울타리를 넘는 들꽃

일러두기

1. 책은《 》로, 작품(논문, 시, 소설, 그림, 노래, 영화), 신문과 잡지는〈 〉로 구분하였다.
2. 외래어는 주로 국립국어원의 외래어 표기에 따라 표기하였고, 학명은 이탤릭체로 표기하였다.
3. 식물의 과명(科名)은 사이시옷을 빼고 표기하였다.
   (예: 볏과→벼과, 미나리아재빗과→미나리아재비과)

마실에서 만난 우리 동네 들꽃 *02*

울타리를 넘는 들꽃

초판 1쇄 발행일 2023년 6월 21일

지은이 권동희
펴낸이 이원중

펴낸곳 지성사 **출판등록일** 1993년 12월 9일 **등록번호** 제10-916호
주소 (03458) 서울시 은평구 진흥로 68, 2층
전화 (02) 335-5494 **팩스** (02) 335-5496
홈페이지 www.jisungsa.co.kr **이메일** jisungsa@hanmail.net

ISBN 978-89-7889-535-4 (04470)
978-89-7889-533-0 (세트)

잘못된 책은 바꾸어 드립니다. 책값은 뒤표지에 있습니다.

마실에서 만난 우리 동네 들꽃 02

울타리를 넘는 들꽃

글과 사진
권동희

지성사

여는 글

어릴 적 시골집에는 염소, 토끼, 닭, 꿀벌 등이 북적댔다. 이런 가축을 키우는 건 당연히 어른들의 몫이었지만 토끼 먹이 주기는 내 담당이었다. 힘에 부치기는 했어도 가끔 염소를 끌고 풀을 먹이러 들판으로 나가는 일은 꽤 큰 즐거움 중 하나였고, 도랑에서 잡아온 비들치, 물방개, 개미귀신들도 키웠다. 봄과 여름에는 어머니가 애지중지 보살피는 안마당 작은 화단에서 해바라기, 맨드라미, 채송화, 백일홍, 봉숭아가 다투어 꽃을 피워냈는데 물 주기는 역시 내 담당이었다. 이런 환경 탓인지, 유전적인지는 모르지만 생물 탐구는 나의 가장 소중한 취미생활이 되었다.

그러나 도시에서 중학교를 다니면서부터 아쉽게도 나의 자연 탐구 생활은 더 이상 이어지지 못했다. 그 대신 나에게는 또 다른 재미가 생겼다. 생물실의 현미경을 발견한 것이다. 현미경은 나를 새로운 생물 탐험의 세계로 안내했다. 주저 없이 특별활동으로 생물반을 선택한 나는 시간만 나면 손에 잡히는 모든 것을 현미경으로 들여다보았다. 물론 대부분 그렇듯이 취미가 내 인생의 직업으로 이어지지는 않았다. 다만 대학에서 지리학을 공부하면서 내 생애 대부분을 야외에서 보냈으니 아주 동떨어진 여정은 아니었다.

정년퇴임 후에는 어릴 적부터 마음에 담고 있던 들꽃 여행을 제대로 하고 싶어졌다. 마침 코로나19로 인해 여행이 자유로워지지 못하자 먼저 부담 없는 동네 나들이부터 시작했다. 일종의 '마실'이다. 마실은 원래 걸어서 반나절 거리의 동네 여행이었지만 지금은 자전거나 자동차로 두세 시간 거리까지 범위가 늘어났다. 내가 사는 곳이 경기도 성남시 분당구 야탑동이니, 분당구 전역 그리고 인근 광주와 용인, 서울과 인천 일부가 물리적인 마실 후보지가 된다.

그러나 모든 여행이 그렇듯 동네 여행도 물리적 거리 못지않게 시간적 거리도 중요하다. 게다가 들꽃 여행에 걸맞게 이런저런 들꽃들을 쉽게 만날 수 있어야 함은 물론이다. 다행스럽게도 우리 동네에는 이러한 조건을 갖춘 장소가 결코 적지 않다. 탄천, 분당천, 야탑천, 성남시청공원, 중앙공원, 율동공원, 밤골계곡, 맹산환경생태학습원, 맹산반딧불이자연학교, 맹산자연생태숲, 불곡산, 문형산, 포은정몽주선생묘역 등이 바로 그곳이다. 물리적으로는 꽤 거리가 있지만 30~40분이면 갈 수 있는 남한산성과 인천수목원 역시 우리 동네 들꽃 여행지로 손색이 없다.

들꽃 여행은 보물찾기와 같다. 그날의 보물이 뭐가 될지는 나도 모른다. 매일매일의 마실 여행이 늘 설레는 이유다. 수백만 년 전의 구석기 시대, 빈 망태 하나 둘러메고 움막을 나선 수렵 채집인의 하루가 이랬을지도 모르겠다.

들꽃 여행의 시작은 그들의 이름을 정확히 찾아내 불러주는 것이다. 들꽃의 이름은 각각 그들의 생태적 특성에서 비롯되고 그러한 특성은 다분히 지리적 환경을 반영한다. 그들이 살아온 시간과 장소에 뿌리를 둔다. 그러나 살아있는 생명체인 들꽃은 자신의 환경에 머무르지 않는다. 가끔은 울타리를 벗어나 산을 넘고 강을 건넌다. 때로는 바다와 대륙을 넘나들기도 한다. 들꽃은 곤충을 부르고 곤충은 들꽃으로 날아든다. 둘의 공생관계는 사람에게도 적용된다. 원시사회에서 들꽃이나 곤충은 인간의 생존을 위한 필수조건이었고, 현대인의 삶도 그 연장선상에 있다. 같은 듯 다른 들꽃, 사람과 들꽃, 시간을 알려주는 들꽃, 장소를 가리는 들꽃, 곤충을 부르는 들꽃, 울타리를 넘는 들꽃 등 여섯 가지 소주제는 이렇게 해서 탄생했다.

최근 과학자들은 예전에 생각했던 것보다 훨씬 다양한 물질이 우리의 비강을 거쳐 뇌로 갈 수 있고, 이는 다시 혈액을 따라 몸 전체를 순환한다는 사실을 발견했다. 자연녹지에는 엄청난 양의 후각 자극 화학물질이 있는데 이들은 상승작용을 통해 정신상태의 균형을 유지하고 별 노력 없이도 주의를 집중하게 한다. 우리는 향기를 맡을 때 생각하지 않는다. 향기를 맡으며 좋다 싫다가 아니라 그냥 바로 느낄 뿐이다. 바로 '자연 몰입'이다. 걷고 들꽃과 만나고 눈을 맞추는 일련의 몰입 행동은 순간적 행복감을 폭발적으로 증폭시킨다.

들꽃 여행은 자연 몰입 시간이다. 시인 윌리엄 블레이크는 들꽃 한 점에서 천국을 보고, 장석주는 대추 한 알에서 천둥소리를 듣는다고 했다. 남아메리카 오지 호숫가에서 자라는 거대한 노거수 자귀나무는 자연지리학자이자 탐험가인 훔볼트에 의해 '천연기념물'로 태어났고, 나는 중앙공원 한구석의 자귀나무에서 그 훔볼트를 만난다. 탄천을 거닐며 괴테가 되고 밤골계곡을 누비며 훔볼트와 다윈이 된다.

"자연을 가장 가까이 들여다보라. 자연은 우리의 시선을 가장 작은 잎사귀로 낮추고 곤충의 시선으로 그 면을 바라보도록 초대한다"는 헨리 데이비드 소로(Henry David Thoreau)의 외침이 나를 자연으로 내몬다.

'마실에서 만난 우리 동네 들꽃' 시리즈는 2년여 동안의 우리 동네 들꽃 산책 기록이다. 나의 사랑스러운 여행 친구들, 249종의 들꽃과 26종의 곤충이 이 책의 주인공들이다. 미국의 생물학자 에드워드 윌슨(Edward O. Wilson)은 "우리는 다른 생물을 이해하는 정도만큼 그 생물과 우리 자신에 더 큰 가치를 부여하게 된다"고 했다. 이번 들꽃 여행을 통해 나는 275가지의 창조적이고 감동적인 가치를 선물 받았다. 남아메리카 수리남 여행길에 윌슨의 가슴을 벅차오르게 한 바로 그 '생명 사랑(biophilia)'의 보물들이다.

백지상태와 다름없는 나의 생물학적 지식은 참고한 자료에 수록된 수많은 전문 서적들과 정보로부터 채워졌다. 그중에서도 김종원의 《한국 식물 생태 보감》과 이재능의 《꽃들이 나에게 들려준 이야기》는 내게 깊은 영감과 용기를 불어넣어 주었다. 두 책의 저자께 특별히 감사를 드린다. 지식이 책 속에만 있는 것은 단연코 아니다. 사려 깊은 자연 탐구를 통해 얻은 경험적 지혜와 샛별처럼 빛나는 아이디어를 아낌없이 제공해주신 숲해설가 이승미 님께도 깊이 감사를 드린다. 뭐니 뭐니 해도 지성사 이원중 대표님의 결단이 아니었으면 이 책은 결코 세상 밖으로 나오지 못했을 것이다. 마음속 깊이 감사의 말씀을 전한다.

차례

곤충을 부르는 들꽃

울타리를 넘는 들꽃

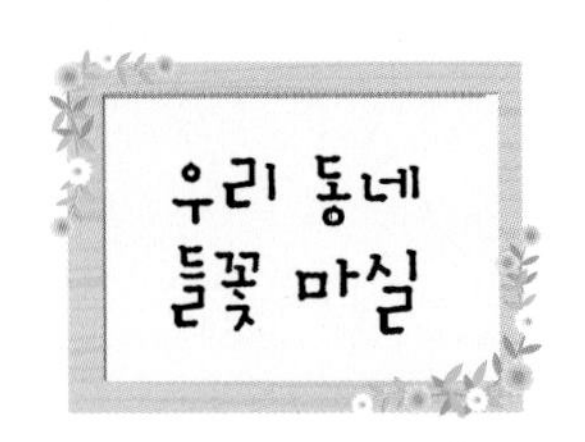

분당

내가 살고 있는 곳은 성남시 분당이다. 해발 522미터의 남한산 남쪽 자락에 경기도 성남시가 있고 다시 그 남서쪽으로 인구 50만 명의 분당 신도시가 자리한다. 성남 구시가지가 구릉지대에 형성되었다면 분당은 분지성 충적평야를 중심으로 들어섰다. 분당(盆唐)이라는 지명에서도 그 지리적 특성이 잘 나타난다.

시가지 중심부로는 지방하천 탄천이 남북으로 가로지르고 그 동쪽으로는 남한산, 검단산(523m), 영장산(414m), 문형산(496m), 불곡산(335m) 등이, 서쪽으로는 청계산(616m)과 태봉산(318m)이 각각 자리한다. 이 산지들에서 크고 작은 지류 하천들이 탄천으로 흘러든다. 동쪽에서는 여수천, 야탑천, 분당천이, 서쪽에서는 금토천과 동막천이 합류한다. 금토천으로는 또 하나의 작은 지류인 운중천이 합쳐진다. 분당의 생활은 탄천과 그 지류들을 중심으로 이루어진다. 성남시청, 성남종합버스터미널, 분당구청은 각각 여수천, 야탑천, 분당천이 탄천과 만나는 지점에 자리하고 있다.

분당에서는 산, 하천, 호수, 습지, 공원, 관공서 등이 실핏줄처럼 이어져 있다. 아파트를 나서서 30여 분만 걸으면 산이고 하천이고 호수다. 주기적으로 범람하는 하천 변에는 습지 지형까지 존재한다. 좀 과장해 말하자면 한반도를 구성하는 자연지리적 요소는 거의 갖추었다고 할 수 있다. 이런 이유로 비

분당과 탄천

록 좁고 복잡한 도시 공간이지만 분당에서는 아주 다양한 자연을 쉽게 만나 볼 수 있다. 게다가 행정 경계를 살짝 벗어나면 같은 생활권으로 용인과 광주가 이어진다. 자동차로 30분 내외의 거리인 문형산, 포은정몽주선생묘역, 남한산성 그리고 막힘없는 고속도로를 40여 분 달리면 도착하는 인천수목원은 또 다른 매력적인 동네 들꽃 여행지다.

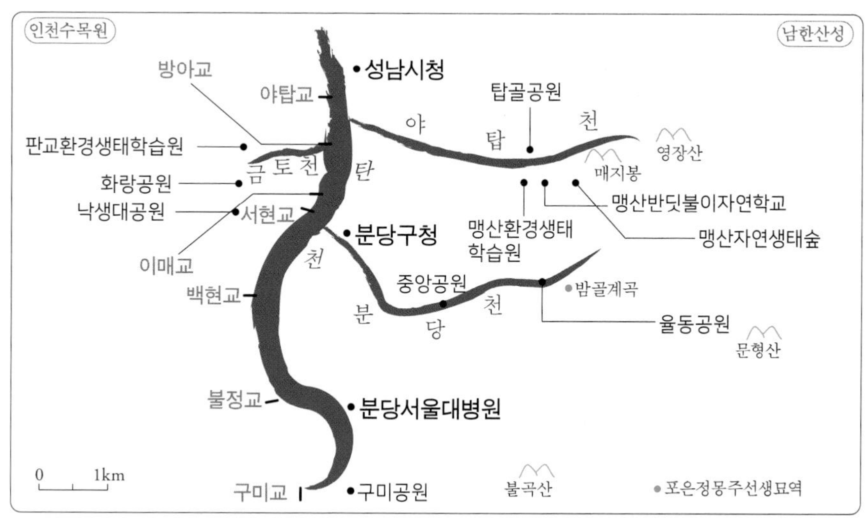

분당 지도

탄천

탄천은 경기도 용인시에서 발원해 성남시를 남북으로 가로질러 서울 한강으로 흘러드는 하천이다. 전체 길이 36킬로미터 중 약 25킬로미터가 성남시를 통과한다. 이전에는 인근의 생활용수가 그대로 흘러들어 수질오염이 심각했으나 분당 신도시가 들어서면서 하천을 정비하고 시민공원으로 꾸미면서 원래의 자연생태계를 회복했다. 탄천은 지리적으로 상류, 중류, 하류 구간으로 나뉘고 그에 따라 생태 특성도 조금씩 다르다.

탄천에는 상류 쪽 구미교에서부터 미금교, 돌마교, 불정교, 금곡교, 백현교, 수내교, 서현교, 야탑교, 서송교, 둔전교, 대왕교 등이 동서를 가로지르며, 구미교~불정교 구간이 상류, 불정교~서송교 구간이 중류, 서송교~대왕교 구간이 하류에 해당된다. 상류 구간은 지형적으로 곡류하천, 중·하류 구간은 직류하천의 형태이다. 상류의 곡류하천 구간은 자연스럽게 급경사의 공격사면과 완경사의 보호사면이 나타난다. 보호사면 쪽으로는 아파트 단지가 들어섰지만 공격사면 쪽은 경사가 급해 대부분 자연 숲이 그대로 보존되어 있어 뚜렷한 경관 차이를 보이고 식생(植生)도 다르다. 분당서울대병원 쪽이 바로 이 공격사면에 해당된다. 분당 신도시는 탄천의 중류 구간을 중심으로 조성되어 있다. 하류 구간은 직류하천이면서 좌우로 급경사의 산사면이 인접해 있어 상류 구간의 경관과 유사한 모습을 띤다.

비가 많이 오는 여름철에는 탄천의 하천 일대가 대부분 물에 잠기기 때문에 주로 습지성 식물이 자란다. 반면 상류 및 하류 일부 구간의 산지가 접한 곳에서는 산지성 식물이 자란다. 겨울이면 탄천은 철새들의 세상이다. 텃새와 나그네새가 함께 모여 한겨울을 난다. 하긴 사람들이 이 땅에 들어서기 전부

탄천 미금교 일대 풍경

탄천 야탑교 일대 풍경

탄천의 겨울새
(왼쪽부터 알락할미새, 흰목물떼새, 삑삑도요)

터 탄천의 주인은 나무와 풀 그리고 곤충과 새들이었다. 성남시에서는 탄천에 사는 새가 모두 28종이라고 밝히고 있지만 2년여 동안 내 눈에 들어온 새만 해도 40여 종이 넘는다.

탄천은 도심을 관통하는 하천이므로 현실적으로 차로 접근하기는 좀 불편하다. 그러나 조금 걷는다고 생각하면 여러 방법이 있다. 탄천교 인근의 성남시청 주차장, 야탑교 인근의 탄천종합운동장 주차장, 서현교 인근의 분당구청 주차장, 백현교 인근의 새벽월드교회 카페 주차장, 구미교 인근의 구미공원 주차장 등을 이용하면 된다.

분당천과 야탑천

분당천은 율동 매지봉에서 발원해서 율동공원 분당저수지를 관통한 뒤 다시 중앙공원 앞을 지나 탄천으로 흘러 들어간다. 우리 어릴 적에는 이런 정도의 하천은 보통 개울이라고 불렀다. 실제로 분당 신도시가 들어서기 전에는 이 분당천을 앞개울, 벌치개울, 뒷개울 등으로 불렀다. 이전에는 꽤 다양한 생명체들이 살았을 테지만 지금은 생태적으로 매우 단순화되었다는 느낌이 든다. 그런데 놀랍게도 분당천에는 너구리가 살고 있다. 이른바 도시 너구리다.

야탑천은 야탑동 영장산 서쪽 계곡에서 나온 물이 탑골공원 일대에서 모여 탄천 쪽으로 흐르면서 이루어진 작은 하천이다. 분당천과는 비슷한 규모의 지류 하천이지만 또 다른 독립적인 생태계를 형성하고 있어 색다른 들꽃 여행을 즐길 수 있다.

분당천 누리장나무

분당천

야탑천 오동나무

율동공원과 중앙공원

율동공원은 분당천 상류에 자리한 공원이다. 율동공원의 백미는 공원의 중심이 되는 분당저수지다. 신도시가 들어서기 전 이 일대 농경지에 농업용수를 공급하기 위해 만들었는데 도시가 들어서면서 자연스럽게 공원으로 바뀌었다. 율동공원은 이 저수지를 중심으로 북쪽 놀이광장, 남서쪽 조각광장과 책 테마파크, 동남쪽 밤골계곡 등 세 구역으로 나뉜다. 놀이광장과 조각광장을 잇는 산책로는 율동공원의 핵심 지역이다. 호수 주변으로 비교적 널찍한 평지가 이어지고 뒤쪽으로는 야트막한 산이 병풍처럼 두르고 있다. 풍수지리상 명당자리인지 곳곳에 묘지들이 자리를 잡고 있고 주말농장, 운동 및 놀이시설 등이 그 주변으로 들어서 있다.

요즘 율동공원에는 '율동공원이 전국 최고의 가족 휴식 공간으로 다시 태어납니다'라는 반가운 현수막이 걸려 있다. 성남시 승격 50주년 기념 사업 중 하나로 성남시에서 내건 것이다. 부디 이 사업으로 율동공원이 더욱 훌륭한 들꽃 여행지로 거듭나기를 희망한다. 율동공원에서 분당천의 지류 하천을 따라 동쪽으로 조금 깊숙이 들어가면 밤골계곡이 나온다. 계곡 끝자락에 대도사라는 사찰이 있어 대도사 계곡으로도 불린다. 율동이나 밤골이라는 지명은 밤나무가 많아서 붙인 이름이긴 하지만 그렇다고 밤나무만 있는 것은 아니다. 밤골의 매력 포인트는 사실 참나무류 숲이다. 도시공원으로서는 드물게 거의 사람들의 손을 타지 않은 채 자연숲을 유지하고 있다.

신도시가 들어서기 전에는 탄천에서부터 분당천을 지나 꽤 힘들여 찾아야 했던 정말 외진 골짜기였을 것이다. 밤골계곡 끝에서 주말농장을 끼고 완만한 등산로를 따라 10여 분 오르면 광주 오포읍 신현리로 넘어가는 고갯마루

율동공원의 가을

밤골계곡 큰오색딱다구리

중앙공원

가 나온다. 여기에서 오른쪽 능선을 따라가면 불곡산, 왼쪽으로는 영장산 그리고 더 북쪽으로 올라가면 검단산과 남한산이다. 그러니 율동공원 동쪽 산자락은 말하자면 광주산맥의 한 줄기인 셈이다. 밤골계곡 내에도 테니스장이나 대도사 쪽에 주차공간이 있어 차로 가도 되고 율동공원 대형 주차장에 주차하고 운동 삼아 걸어 올라가도 좋다. 천천히 걸어도 10여 분이면 충분하다.

중앙공원은 율동공원과 탄천 사이 분당천 변에 위치한 도심 속 녹지섬이다. 중앙공원은 이름만 중앙이 아니라 실제로 분당의 지리적 중심이기도 하다. 공원 중심에 인공호수인 분당호가 있고 그 주변으로 많은 종류의 꽃나무, 유실수 등이 잘 가꿔져 있다. 중앙공원과 율동공원은 분당의 대표 공원인데 이 둘은 같은 듯 살짝 다르다. 지리적 언어로 비유하자면 율동공원은 개방적인 '사바나형 공원', 중앙공원은 폐쇄적인 '열대우림형 공원'이라고 할 수 있다. 이 두 공간을 이어주는 것이 바로 분당천이다.

맹산과 탑골공원

맹산은 분당의 뒷동산이다. 해발 414미터의 영장산에서 남서쪽으로 흘러내려 이매동 성남아트홀로 이어지는 산줄기 중간에 위치한 산으로 가장 높은 봉우리가 매지봉이다. 이 봉우리는 야탑동과 율동의 행정 경계이기도 하다. 분당선 지하철 야탑역이나 이매역에서 단 몇 분만 걸으면 오를 수 있다.

맹산의 산자락에 자리한 맹산환경생태학습원, 맹산반딧불이자연학교, 맹산자연생태숲 등은 분당 생태계의 보물들이다. 맹산환경생태학습원에는 널찍한 주차장이 마련되어 있고 아침 9시부터 오후 5시까지 무료로 이용할 수 있다. 월요일은 휴관이다.

맹산자연생태숲 황매화

맹산 맞은편으로 또 하나의 영장산 산줄기가 이어지는데 이 일대에 탑골 공원이 들어서 있다. 두 산줄기 사이로 흐르는 하천이 바로 야탑천이고, 이 하천이 흐르는 골짜기를 예전부터 탑골이라 불렀다. '야탑(野塔)'이라는 명칭은 1914년 일제에 의해 처음 명명되었는데, 오야소(梧野所)의 '야' 자와 상탑, 하탑의 '탑' 자를 취한 것이다. 오야소란 이름은, 원래 마을 앞의 들이 넓고 주위에 오동나무가 많았기 때문에 '오동나무 들마을'이라고 하다가 오동나무 열매가 많이 열리는 '오야실(梧野實)'로 변하였고, 그것이 다시 '외실' 또는 '왜실'로 줄었다가 한자로 표기할 때 '오야소'로 기록한 것이라고 한다. 이곳에 세워진 '탑'의 정확한 역사적 기록은 남아 있지 않으나 대략 300여 년 전 이 지역에 탑이 세워진 것으로 알려져 있다.

성남시청공원과 화랑공원

분당구와 수정구 경계에 자리하고 있는 성남시청사는 처음부터 청사 담을 없애고 그 대신 꽤 넓은 부지의 시청공원을 조성해 놓았다. 공원은 다양한 꽃나무와 유실수 그리고 들꽃으로 가득 채워져 있고 산책로가 탄천까지 이어진다. 성남시청의 주차장은 평일에는 한 시간, 주말과 휴일에는 무료로 개방되어 공원을 이용하기에 매우 편리하다.

화랑공원은 판교 신시가지를 서에서 동으로 관통하는 금토천 변에 조성된 공원이다. 또 다른 지류인 운중천이 여기에서 합류한다. 화랑공원의 북서쪽 도로변에는 판교환경생태학습원이 자리하고 있다.

성남시청공원

화랑공원과 운중천

불곡산 골안사 계곡

불곡산은 분당구 정자동과 광주시 오포읍의 경계가 되는 해발 345미터의 비교적 야트막한 산이다. 불곡산으로 오르는 가장 편한 길은 구미동 골안사 코스다. 날이 아무리 가물어도 자그마한 계곡으로 물이 졸졸 흐르는 소리가 들리는 것이 꽤 운치가 있다.

골안사 대웅전을 지나면 두 갈랫길이 나온다. 왼쪽 길은 계단이 많은 급경사 길이고 오른쪽은 훨씬 완만하다. 골안사에서 600미터쯤 오르면 불곡산 능선부가 나온다. '성남 누비길' 7개 구간 중 제4구간인 불곡산 길이 이어지는 곳이다. 이곳에서 불곡산 정상 쪽으로 약 300미터 진행하면 다시 골안사로 되돌아오는 길로 내려서게 된다.

불곡산 골안사 계곡

광주 문형산 용화선원 계곡

문형산은 경기도 광주시 오포읍과 분당의 경계에 있는 해발 496미터의 산이다. 한반도 산지의 평균 고도가 433미터이니 문형산은 우리나라에서 평균 이상의 높이인 산이라고 할 수 있다. 분당에서 등산로 입구까지 약 25분 걸리고 주차장에서 정상까지는 약 1.5킬로미터다. 문형산은 산세가 험하지 않고 대체로 부드러운 느낌을 주는 토산이다. 거친 암석보다는 부드러운 흙으로 대부분 덮여 있다. 이는 기반암이 퇴적변성암인 편마암으로 되어 있기 때문이다. 편마암 자체가 원래 진흙 성분이 퇴적되어 만들어진 암석이니 태생적으로 이 산지들은 토산이 될 수밖에 없다.

문형산은 전반적으로 물이 부족하지만 부분적으로 소규모의 자연습지가 발달해 있고 여기에서부터 비롯된 작은 도랑물이 아래쪽으로 흐르면서 국지적인 습지성 식물군락이 형성되어 있다. 꽤 규모가 큰 으름덩굴 지대가 바로 이 일대에 형성되어 있다.

광주 문형산 용화선원 계곡

광주 남한산성

남한산성은 행정상으로는 경기도 광주시 관할이지만 지리적으로는 서울시, 성남시, 하남시의 경계 지역에 위치한다. 성남시청에서 약 8킬로미터, 자동차

남한산성 남문 풍경

남한산성 노루귀

남한산성 둘레길

로 약 30분 거리다. 해발고도 522미터의 남한산은 전체적으로 급사면으로 둘러싸여 있고 산지 정상부는 고위평탄면 지형을 이루고 있어 남한산성 일대는 산지 규모에 비해 매우 다양한 식물이 자생하고 있는 것이 특징이다. 접근성도 좋을 뿐만 아니라 성곽을 따라 완만한 둘레길이 다양하게 조성되어 있어 동네 들꽃 여행지로 손색이 없다.

용인 포은정몽주선생묘역

용인시 모현면 능원리에 있다. 분당에서 약 20분 거리다. 결코 먼 거리는 아니지만 태재고개를 넘어야 한다는 생각에 꽤 멀게 느껴지는 곳이다. 입구의 간이주차장에 차를 세우고 묘역으로 들어서면 221미터의 야트막한 문수산 남서쪽 사면으로 시원스레 펼쳐진 묘역이 한눈에 들어온다. 양옆 능선을 따라 묘역을 한 바퀴 빙 두르는 약 3킬로미터의 완만한 오솔길이 있어 천천히 등산

포은정몽주선생묘역

포은정몽주선생묘역 가을 풍경

겸 산책을 즐길 수 있다.

묘역 공간은 모두 깔끔하게 잔디로 덮여 있으니 자연 식물을 관찰하기는 쉽지 않다. 그러나 잔디나 묘지의 특별한 환경을 좋아하는 식물을 관찰할 수 있는 것이 이곳에서만 누릴 수 있는 특권이기도 하다.

인천수목원

들꽃 여행의 필수품 중 하나는 들꽃 도감이다. 그러나 도감만으로는 2퍼센트 부족하다. 이 부분을 채워주는 것이 바로 수목원이다. 수목원의 최대 장점은 온갖 들꽃이 한 장소에 모여 있고, 대부분 이름표를 달고 있다는 것이다. 들꽃 여행 초보자에게 가장 어려운 점 하나는 그 이름을 찾아내 제대로 불러주는 것이다.

인천수목원은 우리 동네 성남에서는 35킬로미터 정도 떨어져 있지만 110번 고속도로를 이용하면 40여 분 정도밖에 걸리지 않는다. 자동차가 '동네'의 개념을 바꿔놓는 시대를 살고 있다.

인천수목원 생열귀나무

카메라와 렌즈

니콘 Z 7II + 니코르 Z MC 105mm f/2.8

들꽃 사진 촬영용 카메라는 스마트폰에서부터 미러리스에 이르기까지 선택의 폭이 무척이나 넓으니 여행자의 여건이나 취향에 맞춰 준비하면 될 일이다. 선택의 여지가 있다면 좀 더 가벼워진 미러리스 카메라에 접사렌즈를 조합하면 금상첨화다.

필자의 경우 이번 들꽃 여행에서는 니콘 Z 7II 카메라에 니코르 Z MC 105mm 렌즈를 메인으로, Z fc 카메라에 Z MC 50mm 렌즈를 서브 카메라로 사용했다. 전자는 사진의 품질 면에서, 후자는 휴대성 면에서 상대적으로 유리하다.

시간을 알리는 들꽃

들꽃은 정확히 자연의 시계에 의해 움직인다. 이 시계의 리듬은 타고난 것으로 대체로 그 주기는 지구상의 하루와 일치한다. 조수 지대에서는 밀물과 썰물의 리듬에 몸을 맞추기도 한다. 그런데 이런 내부 시계는 고정되어 있는 것이 아니라 일출이나 밀물 등 외부 자극에 의해 자동 조절된다.

학자들은 오랫동안 이 시계가 무엇으로 이루어져 있는지 궁금해했다. 그러다 최근 '시계 유전자'가 그 원천임을 알아냈다. 식물의 내면 시계는 그들의 하루 운행을 조절하는 것은 물론, 사계절의 변화에도 반응한다. 물론 식물 안에 사계절 달력이 따로 있는 것은 아니다. 식물은 계절에 따라 낮의 길이가 바뀌는 것을 감지하고 이를 자신의 내면 시계에 자로 잰 듯 정확하게 기록해 놓음으로써 계절 시간의 변화에 대응한다. 식물을 다른 나라로 옮겨 심었을 때 그 식물이 제대로 자라지 못하는 것은 식물 고유의 시계 유전자가 제대로 작동하지 않기 때문이다.

식물은 서로 다른 내면의 시계를 하나씩 가지고 있다. 봄이 오면 식물은 각자의 방식으로 싹을 틔우고 꽃을 피운다. 식물의 봄은 24절기를 여는 입춘부터다. 그러니 덩달아 농부도 입춘에 봄의 시계를 맞춘다. 그러나 사실 '봄꽃'이라 불러주는 들꽃 중에는 '겨울꽃'들이 꽤 있다. 이들은 지난겨울이 채 가기도 전에 성급히 새싹을 올리고 꽃을 피운다. 하루 24시간도 다르게 흘러간다. 일어나는 시간도 다르고 잠드는 시간 또한 다르다. 식물은 저마다의 맞춤 시계를 차고 있는 듯하다. 린네는 진작 이 사실을 알아차렸다.

◀ 여름을 알리는 매미꽃

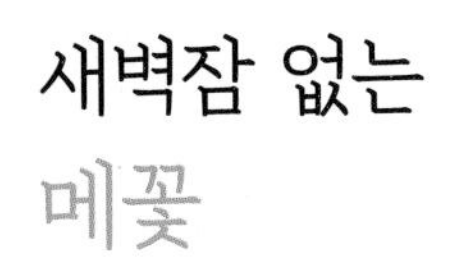

새벽잠 없는 메꽃

많은 식물은 제각기 다른 내면의 생체시계가 작동하는 대로 주기적으로 살아간다. 메꽃은 새벽 4시면 잠에서 깨어나고 달맞이꽃은 밤 10시에서야 꽃봉오리를 연다. 대청부채는 오후 3시를 선택했다. 이는 서로 꽃가루 매개곤충을 놓고 지나친 경쟁을 피하기 위한 나름 고도의 전략인지도 모른다.

린네는 이러한 식물의 생체시계를 이용해 '꽃시계'를 만들었다. 이른바 린네의 꽃시계다. 그는 오전 6시부터 오후 6시까지 꽃 피는 시간이 다른 46종의 꽃을 관찰하고 기록했다. 당시 린네가 살았던 환경은 우리와는 다르니 꽃 이름이 낯선 것도 많지만, 여기에는 우리에게도 익숙한 방가지똥(오전 11~12시), 서양민들레(오후 2~3시), 분꽃(오후 4~5시), 백수련(오후 5~6시) 등이 포함되어 있다.

이후 린네의 꽃시계는 세계 여러 나라의 공원이나 식물원으로 보급되었다. 우리나라의 경우 서울 어린이대공원과 부산에 설치되어 있었지만 관리상의 어려움 때문인지 지금은 찾아보기 어렵다. 꽃이 피어 있는 시간도 각양각색이다. 백일홍은 백일 동안 꽃을 계속 피우지만 원추리는 단 하루만 꽃을 피

분꽃(맹산환경생태학습원, 2021.6.26.)
오후 4시에 꽃을 피우지만 몇 시간 못 가 지고 만다.

운다. 영어 이름도 그래서 데일릴리(Daylily)다. 자주달개비나 나팔꽃, 분꽃은 하루도 못 채우고 단 몇 시간만 피우고 만다.

- 오전에 피는 꽃

4:00 메꽃, 5:00 닭의장풀, 6:00 원추리, 7:00 둥근이질풀

- 오후에 피는 꽃

3:00 대청부채, 4:00 분꽃, 6:00 옥잠화, 10:00 달맞이꽃

"햇볕은 쨍쨍 모래알은 반짝 호미 들고 괭이 메고 뻗어가는 메를 캐어 엄

마 아빠 모셔다가 맛있게도 냠냠", 동요 〈햇볕은 쨍쨍〉의 2절 가사다. 우리 어릴 적에는 정말 먹을 것이 귀했다. 별걸 다 먹었다. 메꽃 뿌리도 그중 하나였다. '메'는 메꽃의 뿌리를 말하는데 옛날에는 '밥'이라는 의미로도 쓰였단다. 내가 자란 강원도에서는 '뫼'라고 했고 지역에 따라서는 '미뿌리'라고도 한다. 메꽃 뿌리는 번식력이 왕성해서 마음만 먹으면 얼마든지 캐어 먹을 수 있었다. 그래서 흉작으로 먹을 것이 정말 없던 해에는 적지 않은 도움이 되었다. 말하자면 구황식물이었다. 꽃도 대표적인 구황작물인 고구마 꽃과 비슷하다.

메꽃은 대표적인 여름꽃이다. 메꽃은 얼핏 보면 나팔꽃과도 닮았지만 둘

메꽃(분당천, 2020.5.20.)
새벽 4시면 눈을 뜨고 낮에도 쭉 깨어 있다.

자주달개비(중앙공원, 2021.7.1.)
단 몇 시간만 꽃을 피운다.

은 각자 사는 지리적 환경이 다르고 색깔도 확연히 차이가 있다. 메꽃이 들판에서 자유롭게 자라는 잡초라면 나팔꽃은 화단이나 울타리에서 재배되는 화초다. 나팔꽃은 색깔이 짙고 화려한 데 비해 메꽃은 흰색에 가까운 수수한 연분홍색이다. 그래서 메꽃의 꽃말도 수줍음이다. 메꽃은 가장 부지런한 꽃 중 하나다. 새벽 4시면 눈을 뜨고 꽃을 피운다. 나팔꽃은 아침 무렵에 활짝 피었다가 낮에는 시들시들해지는데 메꽃은 한낮에도 싱싱하게 피어 있는 것도 특이하다.

10월 중순이면 탄천 변 산책로에서 심심치 않게 애기나팔꽃을 만날 수 있다. 애기나팔꽃은 메꽃과의 덩굴성 한해살이풀이다. 북아메리카에서 들어온 귀화식물로 인천에서 처음 발견되었고 경기도를 거쳐 지금은 전국에 분포하는 것으로 알려져 있다. 7~10월에 잎겨드랑이에서 대부분 흰색 꽃이 1~2송이씩 붙어 피는데 그 지름은 약 2센티미터밖에 안 된다. 일반적으로 나팔꽃의 지름이 8센티미터 정도이니 숫자로만 보면 애기나팔꽃은 겨우 4분의 1 크기이지만 느낌상으로 그보다 훨씬 작아 보인다. 전체적인 분위기는 나팔꽃을 축소해 놓은 것 같지만 평면 형태는 별 모양이고 얼핏 보면

애기나팔꽃(탄천, 2020.10.10.)
나팔꽃은 아침에 피었다가 이내 시들지만 경우에 따라서는 좀 더 오래가기도 한다. 애기나팔꽃도 그 중 하나다.

도라지꽃과도 닮았다.

애기나팔꽃과 같은 듯 다른 들꽃이 하나 있다. 이름은 전혀 다른 둥근잎유홍초다. 잎이 빗살처럼 완전히 갈라진 유홍초에 비해 잎이 둥글다고 해서 붙인 이름이며, 유홍초와 둥근잎유홍초의 교잡종으로 새깃유홍초도 있다. 유홍초(留紅草)라는 이름은 붉은 꽃이 오랫동안 유지된다는 뜻으로 붉은 꽃을 강조하고 있지만 사실 꽃의 거의 절반은 연한 노란색으로 되어 있다. 원래는 아메리카 대륙 열대 기후 지역에서 관상용으로 들여온 것이지만 이제는 자연에서도 쉽게 관찰된다. 작고 앙증맞은 붉은색 꽃이 8월에 피기 시작해 10월까지 간다. 전형적인 긴 깔때기 형태의 꽃에서 흰색의 긴 암술 하나가 도드라지

둥근잎유홍초(분당천, 2021.10.7.)
꽃을 볼 수 있는 것은 딱 한나절이다.

게 돌출되어 있다.

둥근잎유홍초 꽃을 볼 수 있는 것은 딱 한나절이다. 2021년 10월 초순의 어느 날, 늦은 저녁 탄천 변 산책길에서 우연히 이 녀석을 발견하고는 그다음 날 점심 무렵 카메라를 둘러메고 다시 찾았는데 이미 그 화려한 꽃송이는 흔적도 없이 사라져버린 뒤였다. 그냥 돌아서기에는 너무 아쉬운 마음에 주변을 좀 더 살펴보기로 했다.

기온이 뚝뚝 떨어지는 10월이 되면 대부분의 풀들이 생기를 잃어버려 수풀을 헤치고 다니기가 훨씬 수월하다. 역시 반경 5미터 내에 또 다른 녀석이 눈에 들어왔다. 그날 아침 최저기온이 10도 이하로 떨어졌는데 용케도 잘 견디고 있던 녀석이다. 둥근잎유홍초는 가을꽃이라 할 수 있다.

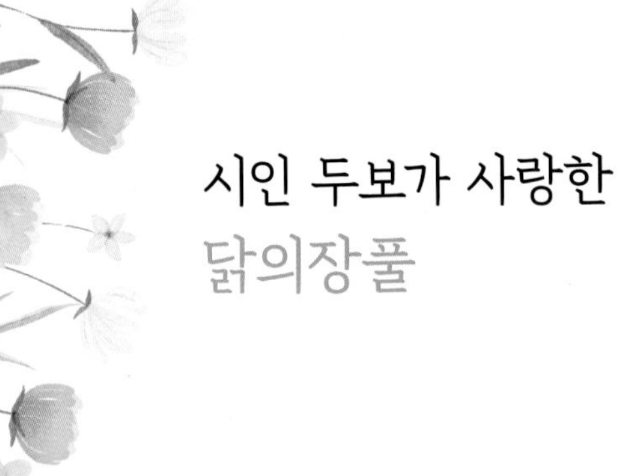

시인 두보가 사랑한
닭의장풀

닭의장풀은 메꽃 다음으로 바지런하다. 새벽 5시면 기지개를 켜고 꽃을 피운다. 닭개비, 달개비, 닭의밑씻개라고도 부르는데 이는 모두 집에서 키우는 닭과 관련되어 있다. 닭은 오래전부터 우리 일상생활과 아주 가까운 가축이었다. 닭의장풀은 닭의 장(欌) 주변에서 잘 자란다고 해서 붙인 이름이다. 식물은 대개 습기가 있는 축축한 곳을 좋아한다. 닭장 주변이 딱 좋은 환경일 수 있다. 게다가 땅도 기름질 터이니 이보다 더 좋은 환경은 없을 것이다. 그러나 농촌에서는 닭장 없이 그냥 한두 마리 뜰이나 텃밭에 놓아 키우는 경우가 많았고, 닭들은 외양간 한쪽 구석을 보금자리로 삼기도 했다. 게다가 들판 곳곳에서 닭의장풀이 무성하게 자라는 것을 보면 장소에 빗댄 이름이 그리 적절해 보이지는 않는다.

닭의장풀에서 '장'의 기원을 창자[腸장]로 보는 견해도 있다. 이는 《동의보감》에 등장하는 계장초(鷄腸草)에 근거한 것이다. 그 어원은 한자어 압척초(鴨跖草, 오리발풀), 압장초(鴨腸草, 오리장풀)로 거슬러 올라간다. 이는 그 어린싹을 아장색(鵞腸色, 거위창자색깔)으로 부른 것과도 무관치 않다. 중국 사람들에게

오리와 거위는 우리의 닭만큼이나 친근한 가축이다. 그러나 이러한 내용은 사실 현재 우리 눈에 보이는 닭의장풀의 특징을 제대로 반영한 것 같지는 않다. 김종원은 꽃의 모양과 색깔의 특징을 살려 '쪽빛나비풀'로 부르기를 제안하고 있는데 꽤 괜찮아 보인다.

사실 닭의장풀은 꽃보다는 잡초로 취급되는 식물이다. 그러나 자세히 들여다보면 이 풀처럼 화려한 꽃을 피우는 식물도 드문 것 같다. 특히 짙푸른 하늘색 꽃잎은 그 인상이 무척 강렬하다. 닭의장풀은 7~8월이면 장소를 가리지 않고 들판 곳곳에서 무리 지어 꽃을 피운다. 꽃잎은 모두 3장으로 그중 2장은 크고 둥글며 하늘색, 나머지 하나는 작고 흰색을 띤다. 흰색은 더 정확하게 말하자면 무색에 가깝다. 게다가 워낙 덩치가 작으니 상대적으로 파란색 꽃잎에 가려 눈에 들어오지 않을 뿐이다.

닭의장풀 꽃을 볼 수 있는 것은 길어야 한나절 동안이다. 아침에 피었다가 오후가 되면 시든다. 이 풀의 일본 이름도 노초(露草), 즉 이슬이 맺힌 풀이다. 짧은 사랑이 더 그립고 아쉬운 법이다. 그래서 꽃말도 순간의 즐거움, 그리운 사랑이다. 영어로는 데이플라워(Dayflower)다. 그런데 닭의장풀 꽃이 우리 눈에는 늘 피어 있는 것처럼 느껴지는 이유는 무엇일까. 바

닭의장풀 꽃봉오리(밤골계곡, 2020.8.26.)

닭의장풀 꽃과 열매(밤골계곡, 2020.8.26.)
새벽 5시면 기지개를 켜고 꽃을 피운다.

닭의장풀 열매(밤골계곡, 2020.9.1.)
타원형의 열매가 포엽에 싸여 있다.

닭의장풀(밤골계곡, 2020.9.13.)

로 포에 그 비결이 있다. 2개로 접힌 포 속에 꽃봉오리가 4~6개 있는데 이것들이 차례로 포 밖으로 나오면서 꽃이 피는 것이다.

어쨌든 닭의장풀이 담고 있는 하늘색 꽃잎이 얼마나 강렬한지 살짝 옷깃에라도 스치면 그 푸르름이 바로 배어들 것만 같다. 우리 선조들도 생각이 비슷했는지 실제 남색 염료의 원료로 이 들꽃을 사용해 왔다. 닭의장풀은 그 줄기도 아주 특이하다. 마치 대나무처럼 생겼고 마디도 제법 굵직하다. 덩굴식물인 닭의장풀은 공기 중 습도가 충분히 있으면 이 마디에서 뿌리를 내리며 뻗어가기도 한다. 당나라 시인 두보는 닭의장풀 꽃을 줄기째 꺾어 수반에 꽂아두고 '꽃을 피우는 대나무'라고 하면서 즐겼다고 한다. 농부의 눈에는 귀찮은 잡초일 뿐이지만 시인의 눈에는 늘 곁에 두고 즐기고 싶은 사랑의 대상이었던 것이다.

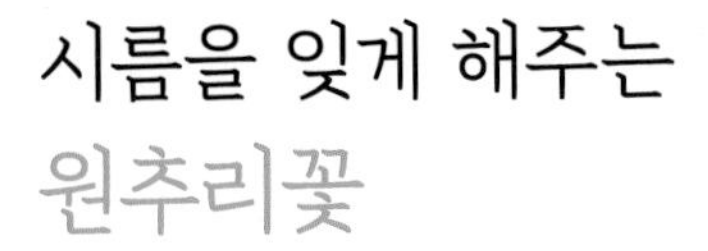

시름을 잊게 해주는 원추리꽃

닭의장풀 다음은 원추리 차례다. 아침 6시가 기상 시간이다. 사람의 생체리듬 측면에서 볼 때 건강을 위한 최적의 아침 기상 시간은 6~7시 사이란다. 그러니 그 많고 많은 들꽃 중에 우리의 생체리듬과 가장 가까운 것이 바로 이 원추리라는 이야기다. 살아 있는 자명종이다.

나의 경우 이 원추리만큼 오랫동안 그 이름과 실체가 일치하지 않았던 식물도 없을 듯하다. 불과 얼마 전까지만 해도 '나리꽃'과 구별하지 못했으니 말이다. 내가 처음 원추리라는 이름을 익힌 것은 어릴 적 어머니 치맛자락을 붙잡고 다니면서 귀동냥한 '원추리나물'이었다. 원추리는 우리나라 어느 곳에서든 가장 흔하게 볼 수 있는 들꽃이자 봄나물이었다. 원추리의 다른 이름 중 하나가 넘나물이다. 훤채(萱菜)라고도 불렀다.

흔하다고 해서 꽃의 아름다움이 반감되는 것은 아니다. 활짝 피어나는 주황색 원추리 꽃은 언제 보아도 아름답다. 원추리는 '시름을 잊으려고 심는 풀'이라는 뜻의 훤초(諼草→萱草)가 변형된 것으로 본다. 그래서 원추리의 또 다른 이름이 망우초(忘憂草)다. 여인이 품고 있으면 아들을 낳는다고 해서 득

원추리(포은정몽주선생묘역, 2020.7.14.)
아침 6시에 피어나지만 하루를 넘기지 못하고 시들어버린다.

원추리(포은정몽주선생묘역, 2020.7.14.)

남초 또는 의남초(宜男草)로도 불렸다.

원추리는 한여름에 꽃을 피우는데 아쉽게도 만개한 꽃은 하루를 넘기지 못하고 바로 시들어버린다. 그래서 원추리의 속명은 '하루의 아름다움(*Hemerocallis*)'이다. 그러나 희한하게도 다음날 가보면 여전히 또 꽃들이 환하게 피어 있다. 이는 여러 꽃봉오리가 차례로 꽃을 피우기 때문이다. 곤충 입장에서는 늘 신선한 꽃과 꿀을 만날 수 있으니 이 또한 곤충을 배려한 생존 전략인지도 모른다.

대청부채 비밀의 시간

대청부채는 오후 3시쯤 꽃을 피우기 시작해 4시에 절정을 이루고 이후 다시 시들기 시작해 밤 10시 무렵 꽃잎들을 다시 돌돌 말아버린다. 대청부채에게는 햇빛, 기온, 습도, 바람보다 오로지 시간이 더 중요하다. 이름하여 생체시계로 작동한다. 그런데 대청부채는 아주 독특한 특성이 하나 더 있다. 개화시간이 자연 상태에서는 3시 30분, 인공 상태에서는 3시에 맞춰져 있다는 것이다. 도대체 그 30분의 시차는 무엇을 의미할까?

대청부채는 대청도와 백령도 일대에서 자생한다고 해서 대청, 잎 모양이 마치 부채를 활짝 펼친 것처럼 납작하다고 해서 부채라는 이름을 달았다. 맹산환경생태학습원 화단에는 대청부채가 몇 그루 심어져 있고 '멸종위기종'이라는 팻말이 세워져 있다. 갈 때마다 자연스레 관심 있게 들여다본다. 대개 오후 늦은 시간에 들르기 때문에 사진 찍을 조건이 맞지 않은 경우가 많다. 2020년 9월 4일, 아침 일찌감치 학습원을 찾았다.

그런데 웬걸, 전날 오후에 그렇게 활짝 피어 있던 꽃들이 하나도 남김없이 다 사라져버린 것이 아닌가. 사진은커녕 꽃 한송이 구경도 못 하고 발걸음을 돌렸다. 이 대청부채도 하루살이꽃이라면 오전 중에는 다시 새로운 꽃이 피어 있어야 할 텐데 그렇지도 않았다. 모두 하나같이 입들을 꾹 다물고 있었다. 대청부채가 오후 3시가 되어서야 잠에서 깨어난다는 사실을 알 턱이 없는 나로서는 그저 고개를 갸우뚱할 뿐이었다. 집에 돌아와 자료를 찾아보고는 그 궁금증이 풀렸다. 전문가들은 아직도 왜 이 녀석이 이렇게 '늦잠꾸러기'인지 밝혀내지 못하고 있단다.

일단 대청부채의 '비밀의 3시'를 내 눈으로 직접 확인해보기로 했다. 9월 5일 다시 서둘러 학습원에 도착하니 오후 2시 40분쯤이다. 어느새 세 송이가 꽃을 활짝 피웠고 슬슬 준비하고 있는 봉오리가 몇 송이 보였다. 그 가운데 부풀 대로 부풀어 올라 이제라도 막 터져버릴 것 같은 녀석이 눈에 들어왔다. 대략 개화 시간이 3시 전후라고 알려져 있는데 이날 상황을 보면 대략 2시 30분 정도부터 꽃잎을 열었던 것 같다.

지체 없이 앵글을 맞추고 사진을 몇 컷 찍었다. 대략 10여 초의 시간이 흘렀을까, 눈 깜짝할 사이에 활화산 폭발하듯 꽃봉오리가 터졌다. 체감상으로 0.01초도 안 걸린 듯하다. 만개하기까지 대략 한 시간 정도 걸린다고 해서 느긋하게 기다렸는데 그 마지막 순간은 그야말로 상상을 초월했다. 이런 상황인 줄 알았다면 미리 동영상 찍을 준비를 하는 건데 이미 버스는 지나간 뒤였다.

9월 6일, 시간은 좀 늦었지만 꼭 동영상으로 담고 싶은 마음에 오후 3시 55분쯤 대청부채 꽃밭으로 향했다. 좀 늦은 시간이기는 했지만 복불복이라고 생각하며 도착하니 역시나 꽃들이 이미 활짝 피어났고 아슬아슬하게 딱 두 녀석이 이제 막 터질 듯한 봉오리를 여전히 달고 있었다. 얼른 스마트폰을 꺼내 동영상을 준비하는 도중 그사이를 참지 못하고 성질 급한 한 녀석이 먼저 꽃망울을 터뜨리고 말았다. 서둘러 스마트폰을 들이대자 10여 초 후 나머지 한 녀석이 내게 화답을 했다. 시계를 보니 4시가 막 되려는 순간이었다. 꽃밭에 남은 꽃봉오리들은 없었다. 요약하면 대청부채의 개화는 2시 30분쯤 시작되어 4시경에 마무리되는 것 같다. 정말 기막힌 생체시계다.

대청부처와 쏙 빼닮은 들꽃이 하나 있다. 범부채다. '부채'라는 이름은 잎이 부채를 펼친 모양이라는 의미이니 잎만 보면 대청부채와 범부채는 구별이 안 된다. 꽃잎이 시들 때 나사처럼 꼬이는 것도 비슷하다. 꽃색은 다르다. 대청부채가 담자색이라면 범부채는 적황색이다. 범부채 중에 노란색 꽃이 피는 것도 있는데 이는 노랑범부채라고 해서 따로 구분한다. 범부채의 '범'은 적황색

활짝 핀 대청부채(맹산환경생태학습원, 2020.9.4.)
초고속 카메라로 촬영하지 않고도 시간만 잘 맞추면 내 눈으로 직접 꽃피는 순간을 포착할 수 있다.

대청부채 삼대(맹산환경생태학습원, 2020.9.5.)
왼쪽은 며칠 전 진 꽃, 중간은 오늘 진 꽃, 오른쪽은 내일 필 꽃봉오리, 모두 삼대가 모여 있다.

활짝 핀 범부채(탄천, 2020.9.18.)

꽃잎에 암적색의 표범 무늬가 선명하게 찍혀 있다는 의미다.

생태학적으로 보면 대청부채가 자생종인 데 비해 범부채는 사람과 함께 살아가는 터주식물이다. 계절로 보면 범부채는 여름꽃이다. 7~8월경 활짝 피어난 꽃들이 정상적인 과정으로 다른 꽃의 꽃가루받이에 성공하면 꽃잎은 시들어 꼬이고 그 밑 씨방에서 종자가 무럭무럭 자라기 시작한다. 9~10월 무렵 부풀 대로 부푼 씨방에서 열매가 충분히 익었다는 신호를 보내면 씨방이 서서히 열리기 시작한다.

범부채 열매는 유난히 새까맣다. 햇빛을 받아 반짝반짝 빛나는 둥근 열

꽃이 시든 범부채(탄천, 2020.10.5.)
꽃가루받이에 성공하면 꽃잎은 시들어 꽈배기처럼 꼬이고 씨방에서는 종자가 자라기 시작한다.

범부채 열매(탄천, 2020.10.1.)
열매는 씨방이 열려도 바로 튀어 나가지 않고 조용히 새들을 기다린다.

매들이 흑진주 같기도 하고 어떻게 보면 잘 익은 포도송이처럼 보이기도 한다. 범부채 열매는 씨방이 열려도 바로 튀어 나가거나 어디론가 날아가지 않는다. 여전히 꼬투리에 착 달라붙어 있으면서 새들이 따 먹어주기만을 느긋이 기다릴 뿐이다. 이때가 바로 찬 바람이 불기 전 또 다른 모습의 범부채를 즐길 수 있는 절호의 기회다. 비록 그 윤기가 여름 같지는 않지만 부채 모양으로 활짝 펼쳐진 녹색 잎과 부드러운 느낌의 연한 갈색으로 잘 마른 줄기 그리고 잔가지에 대롱대롱 매달린 새까만 열매들이 절묘한 조화를 이룬다.

낮과 밤이 뒤바뀐 달맞이꽃

"얼마나 기다리다 꽃이 됐나 달 밝은 밤이 오면 홀로 피어 쓸쓸히 쓸쓸히 시들어가는~." 1970년대 초 가수 이용복이 노래해 대히트한 〈달맞이꽃〉의 첫 소절이다. 달맞이꽃의 공식적인 기상 시간은 밤 10시다. 월견초(月見草) 또는 야래향(夜來香)이라고도 하는데 그 이름처럼 밤에 피었다가 아침이면 봉오리를 닫는다.

최근에는 낮에 피는 달맞이꽃도 생겨났다. 달맞이꽃을 살짝 개량한 것인데 꽃색에 따라 분홍낮달맞이꽃, 황금낮달맞이꽃 등으로 구분한다. 달맞이꽃에 비해 비교적 최근에 북아메리카에서 들어온 낮달맞이꽃은 주로 정원 화단이나 공원에서 볼 수 있다. 이 녀석들의 운명을 지켜보는 것도 꽤 흥미로운 일일 듯싶다.

보통 꽃이 피는 시간은 꽃가루를 전달하는 매개자를 고려해서 결정된다. 나비와 벌이 매기자인 꽃들은 주로 낮에 피지만 박쥐나 나방, 설치류를 기다리는 꽃들은 밤에 꽃을 피운다. 밤에 피는 달맞이꽃은 나방류에 생태적 특성이 맞춰져 있다. 달맞이꽃의 꽃가루는 실처럼 이어져 있어 비늘로 덮여 있는

← 분홍낮달맞이꽃(율동공원, 2021.7.6.)

↓ 황금낮달맞이꽃(성남시청공원, 2021.6.5.)

나방의 몸에 감기면서 한꺼번에 많은 꽃가루를 묻힐 수 있다. 달맞이꽃을 찾는 대표적인 나방은 덩치가 커다란 박각시라고 하는 나방류이다.

달맞이꽃은 220여 종의 귀화식물 중 하나다. 보통 귀화식물을 외래식물이라고도 하지만 엄격히 말하면 이 둘은 다르다. 귀화식물은 우리 땅에 들어와 우리 자연환경에 잘 적응해서 스스로 잘 살아가는 식물이고, 외래식물은 일부러 사람들이 심어서 기르지 않는 한 야생화되지 못한 식물들을 말한다. 달맞이꽃이나 개망초는 대표적인 귀화식물이고 해바라기나 장미는 외래식물에 속한다.

식물분류학자 박수현에 따르면 우리 귀화식물의 역사는 개항 이전(토끼풀, 달맞이꽃, 망초, 소리쟁이 등), 태평양전쟁과 한국전쟁(돼지풀, 코스모스 등), 경제발전기(미국쑥부쟁이, 서양등골나물, 미국자리공 등), 이렇게 3기로 나눈다. 이 분류에 따르면 달맞이꽃은 우리 땅에 일찌감치 발을 들여놓은 셈이다. 그렇다고 외국에서 들어온 식물이 모두 이 땅에 뿌리를 내리는 것은 아니다. 낯선 자연환경에 적응하지 못하고 사라지는 식물들도 적지 않다. 우리 주변에 보이는 귀화식물은 한반도 지리 환경에 적응한 성공적인 식물이다.

달맞이꽃의 고향은 아메리카로 알려졌는데 우리 주변에서 흔히 보는 것은 대부분 북아메리카 출신의 겹달맞이꽃이다. 여러해살이인 남아메리카산은 꽃이 피면서 황색에서 약간 적색으로 변하는 것으로 구별된다. 달맞이꽃과 비슷한 큰달맞이꽃이 있다. 둘은 꽃술의 길이와 꽃의 크기로 구별한다. 달맞이꽃은 수술과 암술의 길이가 비슷하고 꽃이 작은 데 비해 큰달맞이꽃은 암술이 수술보다 길고 상대적으로 꽃이 크다.

귀화식물은 자생식물의 약 0.5퍼센트를 차지한다. 이들 대부분을 대하는

달맞이꽃(포은정몽주선생묘역, 2020.8.12.)

달맞이꽃(포은정몽주선생묘역, 2020.8.12.)

달맞이꽃 로제트(포은정몽주선생묘역, 2021.12.6.)
방석 모양의 뿌리잎을 내고 겨울을 보낸다.

우리의 시선은 사실 곱지 않은 것이 보통인데 이 달맞이꽃만큼은 예외인 것 같다. 전국적으로 흩어져 뿌리를 내렸으면서도 토종 식물에 큰 영향을 주지 않고 황무지 등에 정착해 우리의 여름 들판을 더 화려하게 꾸며주기 때문이다. 게다가 달맞이꽃 씨앗 기름은 건강식품이나 화장품의 원료로, 뿌리는 약용으로 활용되고 있으니 오히려 고마운 식물에 해당된다.

달맞이꽃만큼 일반인에게 친숙한 꽃도 드물 것이다. 나의 책장에 꽂혀 있는 들꽃 관련 책은 대략 50여 종이다. 그 가운데 어떤 꽃도 공통적으로 수록된 예는 흔치 않은데 이 달맞이꽃이 빠진 책은 거의 없다.

2020년 8월 어느 날 포은정몽주선생묘역 주변의 달맞이꽃밭을 방문한 적이 있다. 당시 시간이 오전 11시경이었는데 대부분의 달맞이꽃은 꽃잎을 오므리거나 시들었고 한두 송이만 겨우 꽃 모양을 갖추고 있었다. 한참 사진을 찍던 중 뜻하지 않은 친구를 만났다. 알고 보니 무당거미였다. 무당거미는 검은색과 노란색이 섞인 화려한 무늬로 덮여 있는 긴 원통형 배가 인상적이다. 다리도 흑갈색 바탕에 마디마다 고리 모양의 노란색 무늬가 있어 눈에 확 띈다. 무당거미라는 이름에 걸맞다. 무당거미는 한여름에 가장 흔히 볼 수 있다. 어릴 적 시골에서는 당시 우리가 '왕거미'라 부르던 녀석들이 제일 많았다. 왕거미라는 이름에 걸맞게 덩치가 큰 밤톨만 했다. 그런데 웬일인지 어른이 되고 난 후부터 그 왕거미는 어디론가 자취를 감춰버렸고 그 자리를 무당거미가 차지하고 있다.

지금 동네 산책길에 만나는 거미 무리의 90퍼센트 이상이 무당거미다. 그런데 이 녀석의 생활방식이 아주 특별하다. 우선 둥지가 별스럽다. 무당거미 암컷은 세 겹으로 된 그물집을 짓는다. 이 중 가장 안쪽 그물의 한가운데에 안전하게 매달려 먹잇감을 기다린다. 크고 튼튼한 대궐 같은 집을 암컷 혼자 지내기에 아까운지 세입자를 하나 두고 있다. 수컷 거미다. 무당거미 수컷은 암컷에 비해 덩치가 작아 그 크기는 3분의 1 정도에 지나지 않는다. 수치로 비교하면 암컷은 3센티미터, 수컷은 1센티미터 정도다. 수컷은 덩치가 작을 뿐만 아니라 전혀 다른 종처럼 보일 정도로 몸 색깔도 암컷에 비해 수수한 갈색을 띠고 있다.

상대적으로 작은 먹이를 얻어 먹으며 눈치껏 곁방살이를 하고 있는 수컷이 노리는 것은 오직 하나, 암컷과의 짝짓기 기회를 잡는 것이다. 그러나 체구가 작은 수컷은 짝짓기 중에 암컷에게 잡아먹히는 경우가 흔하다. 이런 사실을 알고 있는 아프리카무당거미 수컷은 목숨을 부지하기 위해 특별한 전략을

무당거미 수컷과 암컷(밤골계곡, 2020.8.22.)
작은 것이 수컷이고 큰 것이 암컷이다. 수컷은 암컷에게 더부살이하면서 호시탐탐 교미의 기회를 노린다. 암컷은 교미 중에 수컷을 잡아먹기도 하지만 수컷은 이를 숙명적으로 받아들인다.

세웠다. 하나쯤 없어도 목숨에는 지장 없는 제 다리를 하나 뚝 떼어내 암컷의 먹이로 기꺼이 제공한다. 마치 도마뱀이 공격 받으면 꼬리를 자르고 목숨을 지키는 것과 같다. 그러나 불행하게도 암컷이 수컷의 한쪽 다리로만 만족하는 경우는 거의 없다. 암컷이 수컷 다리를 하나 먹어 치우는 데 걸리는 시간은 평균 17분이고 그 이후에는 다시 수컷의 몸통을 먹고 싶어 안달이다. 결국 수컷은 제 다리를 암컷이 먹어 치우는 동안 짝짓기 시간을 좀 더 연장하는 것으로 만족해야 하는 경우가 대부분이다.

그래서 수컷은 또 하나의 새로운 전략을 짜냈다. 암컷과 짝짓기가 끝날

때 자신의 생식기 끝을 뚝 잘라내 암컷의 생식기 속에 깊숙이 찔러넣는 것이다. 이는 다른 수컷이 짝짓기를 다시 시도하더라도 두 번째 수컷의 정자가 암컷의 배 속으로 들어가지 못하게 하기 위함이다. 수컷은 오로지 하나밖에 생각하지 않는다.

무당거미 암컷의 사냥(밤골계곡, 2021.9.28.)

무당거미는 먹이를 포획하는 방법도 좀 특이하다. 보통 거미들은 먹잇감이 걸려들면 일단 거미줄로 감싼 다음 먹이를 물지만, 무당거미는 그 반대로 포획된 먹이를 물고 난 다음에 거미줄로 감싼다.

달맞이꽃밭에서 내가 만난 녀석은 때마침 그물에 걸려든 큼지막한 메뚜기 한 마리를 처리하느라 분주히 움직이고 있었다. 메뚜기는 처음에는 본능적으로 몇 번 발버둥을 쳤지만 불과 1분여 만에 상황은 깨끗이 정리되었다. 한여름 대낮의 달맞이꽃밭에서는 또 다른 무당거미의 세상이 드라마틱하게 펼쳐지고 있다.

풍년화와 봄맞이의 계절 감각

봄을 알리는 들꽃들은 많다. 그중 풍년화와 봄맞이는 각각 독특한 방법으로 계절을 알린다. 흔히 3월을 봄이 시작되는 달이라고 한다. 이런 계절 감각에 비추어보면 2월에 피는 풍년화는 봄꽃이라기보다는 겨울꽃에 더 가깝고 4월에야 피는 봄맞이는 그 이름에 걸맞지 않게 잠꾸러기 봄꽃이다.

풍년화는 귀화식물 중 하나다. 풍년화가 일본에서 처음 들어와 우리나라에서 심어지기 시작한 것은 1930년 국립산림과학원(홍릉수목원)에서였다고 한다. 풍년화는 꽃이 피는 시기와 그 모습을 보고 한 해의 풍년을 점쳤다고 해서 붙인 이름이다. 풍년을 점치려면 당연히 꽃이 일찌감치 피어야 한다. 일반적으로 식물도감에는 3~4월에 꽃이 핀다고 되어 있지만 실제로는 그보다 훨씬 빠르다. 2021년의 경우 남쪽 지방에서는 이미 1월에 개화 소식이 들려왔고, 나는 설 전날인 2월 초순 성남시청공원 화단에서 활짝 피어난 풍년화를 만났다. 봄이 오려면 아직 멀었지만 꽃이 피었으니 성질 급한 벌이나 꽃등에 몇 마리가 풍년화를 찾아 날아든다.

풍년화는 일찍 피는 꽃나무답게 잎보다 꽃이 먼저 나온다. 가느다란 4장의 꽃잎이 늘어진 모습은 마치 김밥 속의 '달걀 지단'을 닮았다고들 흔히 표현한다. 일본인들은 이 '지단 꽃잎'을 곡식이 늘어진 모양으로 보았다. 그러고 보니 꽃잎 안쪽에는 '밥알'도 있다. 깊게 갈라진 4개의 암술대 모양이 '곡식 알갱이'를 쏙 빼닮았다. 풍년화가 일찍 그리고 풍성하게 핀 해는 틀림없이 풍년이 든다고 믿었던 풍습이 결코 어색하지 않다. 우리가 알고 있는 풍년화는 일본에서 들어온 것으로, 말하자면 '일본풍년화'이다. 이에 대해 '중국풍년화'가 있는데 보통 '모리스풍년화'로 알려져 있다. 모리스풍년화는 꽃이 밀집해서 피고, 넓은 잎이 겨울 동안에도 가지에 매달려 있는 것이 특징이다. 그러나 꽃만 놓고 보면 일반인이 두 풍년화를 명쾌하게 구별하기란 쉽지 않다.

풍년화(성남시청공원, 2022.2.19.)

모리스풍년화(인천수목원, 2022.3.2.)

풍년화로 불리는 식물로는 버지니아풍년화도 있다. 미국풍년화, 서양풍년화로 불리기도 한다. 이름 그대로 미국 버지니아가 원산이다. 그런데 이 풍년화는 아주 생체시계가 독특하다. 일본풍년화와 중국풍년화가 이른 봄 또는 늦

풍년화(성남시청공원, 2021.2.13.)
꽃이 피면 계절, 시간과 관계없이 곤충들이 날아든다. 봄은 꽃과 함께 찾아온다.

은 겨울에 꽃을 피우는 데 비해 버지니아풍년화는 아예 가을에 꽃을 피운다. 그래서 가을풍년화라고도 한다. 그렇다면 버지니아풍년화는 일찍 꽃이 피는 것인지 아니면 늦게 피는 것인지 살짝 헷갈리기도 한다. 왜 버지니아풍년화는 이 시기에 꽃을 피울까? 이는 이 꽃이 매개충에게 인기가 없어 동시에 꽃을 피울 경우 경쟁에서 밀려나기 때문이란다. 즉 경쟁을 피해 미리 가을에 꽃을 피워 꽃가루받이를 하고 느긋하게 수개월의 겨울을 보내는 것이다. 그러나 문제는 결실률이 고작 1퍼센트에 지나지 않는다는 점이다. 그래도 버지니아풍년화 입장에서는 그 1퍼센트 확률이라도 건지는 것이 유리하다고 판단한 것 같다. 치열한 자연의 생존경쟁을 생각하면 가장 확실한 방법일 수도 있다.

풍년화가 동양과 서양에 걸쳐 폭넓게 분포한다는 것은 지리적으로 아주 의미 있는 사실이다. 생태학자들은 이런 분포적 특징이 과거 고대 아시아 대륙과 아메리카 대륙이 하나로 연결되어 있었다는 증거가 된다고 본다. 말하자면 '판구조론', '대륙이동설'을 입증하는 또 하나의 지표식물군이다. 생태적으로 버지니아풍년화가 중국풍년화보다는 일본풍년화에 가깝다는 사실도 바로 이런 해석과 관련이 깊다.

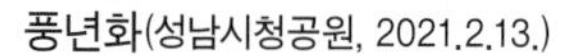

풍년화(성남시청공원, 2021.2.13.)

풍년화 겨울눈(성남시청공원, 2021.11.27.)

그런데 식물학자들은 왜 '한국풍년화'가 없는지에 대해서는 아직 답을 내놓지 못하고 있다. 버지니아풍년화도 미국에서는 우리의 생강나무처럼 흔한 나무이지만 유독 미국 동부지역에서만 살고 있는 것을 보면 지리 생태적 특징이 그리 간단히 설명될 수는 없는 듯하다. 버지니아풍년화는 천연약재로 '위치하젤(witch-hazel)'이라는 이름으로 통한다. 아메리카 대륙에서는 아메리카 원주민들이 진작 이 나무를 생활 상비약으로 사용했다고 한다. 이는 아메리카 원주민들이 베링해협을 거쳐 북아메리카로 들어가기 전부터 자생했다는 말이니 그 역사가 대륙이동과 궤를 같이한다는 뜻이기도 하다.

봄맞이는 4~5월쯤에 긴 꽃자루에서 자잘한 흰색 꽃이 핀다. 꽃 한가운데에 살짝 찍힌 노란색이 봄맞이의 매력 포인트다. 생태적으로 햇볕이 잘 들고

← ↓ 봄맞이(성남시청공원, 2021.4.6

축축한 땅을 좋아해서 논이나 밭두렁에 뭉쳐서 피는 경향이 있다. 봄맞이꽃은 꽃대가 땅에서 직접 올라오고 꽃차례가 우산모양이라 꽃들이 무리 지어 있으면 마치 풍성한 안개꽃처럼 보이기도 한다.

그런데 꽃 이름이 어딘가 좀 어색하다. 분명 봄맞이인데 이 꽃은 사실 봄의 한가운데인 4월이 되어서야 피기 때문이다. 이렇게 게으른 꽃이 봄맞이 꽃으로 간택된 이유는 무엇일까? 여러 가지 해석이 있으나 여느 봄꽃과는 달리 '일관성' 있게 정확한 계절 시간에 맞춰 꽃을 피우기 때문이라는 설명이 가장 그럴듯하다. 봄맞이꽃보다 훨씬 일찍 피는 개나리, 벚나무 등은 분명 봄에 일찍 꽃이 피기는 하지만 해에 따라 또는 장소에 따라 꽃 피는 시기가 일정하지 않아 '때'를 가늠하기가 쉽지 않다는 것이다.

게다가 봄맞이는 한꺼번에 우르르 피어나지 않는다. 봄맞이꽃은 전국적으로 분포하는 대륙성 품종이기 때문에 남쪽부터 시작해 북쪽으로 차근차근 이동하면서 정확히 봄소식을 전한다. 시간과 공간적 차원에서 봄맞이꽃보다 정확하게 생체시계가 작동하는 꽃도 없다는 뜻이다. 봄맞이 유전자에는 온도계가 아니라 해시계가 들어 있는 듯싶다.

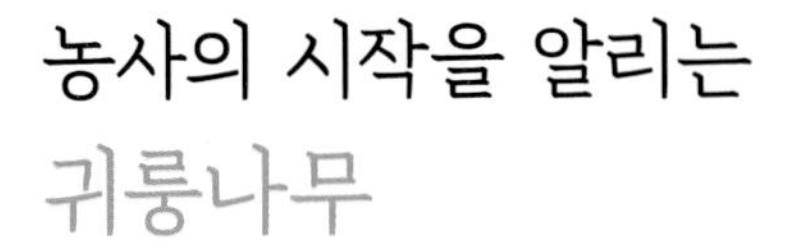

농사의 시작을 알리는 귀룽나무

귀룽나무는 한겨울이 지나고 땅이 녹기 시작하면 산골짜기의 그 어떤 나무보다 먼저 파릇파릇한 잎을 틔운다. 봄철 새싹 중 가장 선명한 연둣빛 새순은 바로 이 귀룽나무다. 한반도의 중부지방에서 자라는 큰 키의 낙엽활엽수 중에 잎이 가장 먼저 나오는 나무다. 그래서 우리 조상들은 이 귀룽나무에 잎이 돋는 것을 보고 한해 농사일을 준비했다.

잎이 나무 전체를 뒤덮고 나면 새 가지 끝에서 자잘한 꽃봉오리가 맺힌다. 그리고 4월에 들어서면 주먹만 한 꽃송이들이 가지가 휘어지도록 주렁주렁 매달리기 시작한다. 그 풍경이 딱 아까시나무다. 북한에서는 그 모양을 뭉게구름에 비유해 구름나무라고도 한다. 7월이 되면 버찌를 닮은 귀룽 열매가 새까맣게 익는다. 보기에는 먹음직스럽지만 떫기만 하여 먹을 만한 것이 못된다.

귀룽나무는 장미과 낙엽교목이다. 키는 15미터 정도까지 자란다. 주로 깊은 산속 물가나 골짜기에 자리 잡고 살아간다. 나무 이름은 구룡목에서 비롯되었고 이것이 변형되어 귀룽나무가 된 것으로 알려졌다. 구룡목이라는 이름

3월의 귀룽나무(밤골계곡, 2021.3.30.)
3월의 갈색 숲속에 유독 연둣빛 잎을 내민 나무가 있다면 십중팔구 귀룽나무다.

의 기원에 대해서는 꽤 해석이 다양하다.

우선 이 나무의 가지와 껍질의 특징이다. 이 나무는 덩치가 커질수록 가지가 조금씩 뒤틀리고 아래로 늘어지는 특성이 있는데 이를 '용틀임'에 비유한 것이다. 버드나무류 중 줄기가 구불구불한 것을 용버들이라고 부르는 것과 같은 이치다. 또한 나무껍질이 세로로 갈라지는 모습도 아홉 마리 용이 꿈틀거

4월의 귀룽나무(포은정몽주선생묘역, 2021.4.13.)
얼핏 보면 아까시나무 꽃처럼 보인다. 그러나 아까시나무보다는 훨씬 빨리 피기 때문에 둘을 혼동하는 일은 거의 없다.

귀룽나무 꽃(포은정몽주선생묘역, 2021.4.13.)
멀리서 보면 아까시나무 꽃처럼 보이기도 하지만 가까이 다가가서 보면 완전히 다르다.

리는 모습과 같다고 보았다. 지리적으로는 의주 압록강 변의 구룡연 일대에서 많이 자란다고 해서 구룡목이 되었다는 해석도 있다. 잔가지를 말린 것을 '구룡목'이라고 해서 한약재로 쓰는데, 고유 이름이 그대로 약재 이름으로 남아 있는 것이다.

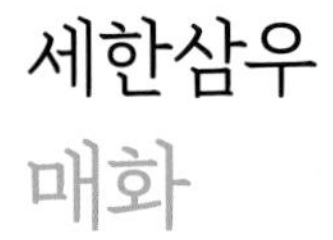

세한삼우
매화

매화는 대나무, 소나무와 함께 중국에서 '추운 겨울의 세 벗'이라는 의미의 '세한삼우(歲寒三友)'로 알려져 있다. 중국에서 매화를 처음 재배하기 시작한 것은 꽃보다 열매를 얻기 위함이었지만 이후 아름다운 꽃이 피는 품종들에 점점 더 많은 관심을 갖게 되었고, 5~6세기 중국의 시인들은 매화의 아름다움을 극찬하는 데 시어를 아끼지 않았다. 그들은 특히 매화의 '다섯 장의 꽃잎'에 큰 의미를 부여했다. 이 다섯 장의 꽃잎이 돈, 덕(德), 건강, 장수, 편안한 죽음 등 전통적인 '오복'과 관련이 있다고 보았기 때문이다.

봄은 뭐니 뭐니 해도 매화의 계절이다. 정확히 말하자면 매실나무의 계절이다. 매화는 꽃잎과 꽃받침의 색 조합에 따라 크게 네 가지로 나뉜다. 흰색 꽃잎에 녹색 꽃받침이면 청매화, 흰색 꽃잎에 홍색 꽃받침이면 백매화, 분홍색 꽃잎에 홍색 꽃받침이면 분홍매화, 꽃잎과 꽃받침이 모두 홍색이면 홍매화라고 한다.

매화꽃은 꽃잎 수로도 구분한다. 일반 매화의 꽃잎 수는 보통 5장이다. 이를 흔히 홑매화라 하고 이보다 많은 꽃잎이 겹쳐 피는 것을 만첩매화 또는

1 청매화(성남시청공원, 2021.3.17.)
꽃잎은 흰색이고 꽃받침은 녹색이다.
2 백매화(성남시청공원, 2021.3.6.)
꽃잎은 흰색이고 꽃받침은 홍색이다.
3 백매화(성남시청공원, 2021.3.13.)
4 홍매화(성남시청공원, 2021.3.10.)
꽃잎과 꽃받침이 모두 홍색이다.

겹매화라고 한다. 그러니 꽃잎 색과 꽃잎 수를 조합하면 훨씬 더 많은 종류의 매화가 존재하는 셈이다. 이렇게 모습이 다양한 봄꽃도 흔치 않다.

매실나무는 이름 그대로 매실이 열리는 나무다. 매화든 매실이든 한자 매(梅)는 열매가 나무 위에 달린 모양을 본떠 만든 글자다. 그러니 그 기원을 보면 꽃보다 열매를 더 중요하게 여겼던 것 같다. 물론 지금이야 매실보다 매화다. 그런데 정확히 말하면 모든 매화나무가 매실나무는 아니다. 매실나무라고 불릴 수 있는 것은 주로 백매화다. 나머지 청매화, 분홍매화, 홍매화 등은 매실보다는 매화꽃을 감상하기 위해 심는다. 사과나무, 배나무를 사과꽃나무, 배꽃나무라고 하지는 않지만 매실나무는 매화나무라고 불러도 전혀 어색하지 않은 것은 바로 이런 이유 때문이다.

매화는 꽃잎과 꽃받침의 조합 색에 따라 그 느낌이 전혀 달라진다. 꽃받

만첩홍매화(성남시청공원, 2021.3.24.)

만첩분홍매화(성남시청공원, 2021.3.6.)
꽃잎은 분홍색이고 꽃받침은 홍색이다.

← 만첩홍매화(서울 봉은사, 2023.3.16.)

→ 만첩분홍매화(성남시청공원, 2021.3.13.)

← 만첩백매화(성남시청공원, 2022.3.26.)

능수매화(인천수목원, 2023.3.23.)
능수매화는 아주 가까이 다가가서 보아야 그 진면모를 제대로 감상할 수 있다.

운용매(인천수목원, 2023.3.10.)
이 매화는 하루에 한두 송이씩 봄철 내내 천천히 꽃을 피워낸다. 그리 조바심 내지 않고 느긋하게 봄을 만끽하는 매화다.

침이 모두 홍색인 백매화, 분홍매화, 홍매화 등은 전체적으로 화사한 분위기를 연출하지만 녹색 꽃받침의 청매화에서는 화사함보다는 깔끔한 청량감이 느껴진다. 청매화의 어린줄기가 산뜻한 초록색인 것도 이런 느낌에 한몫하는 것 같다. 매화는 또 가지의 형태에 따라 수양버들처럼 늘어진 능수매화, 구름 속으로 용이 꿈틀대는 모양을 한 운용매 등으로도 나눈다. 능수매화는 수양매화 또는 처진매화로도 불린다. 운용매는 특히 나무의 수형이 아름다워 정원수나 분나무(분재)로 인기가 많다.

매화는 생각보다 우리 생활 깊숙이 들어와 있다. 5만 원권과 1천 원권 지폐에도 매화 그림이 있다. '돈'으로 따지면 가장 '비싼' 꽃이다. 매화에 얽힌 이야기를 끄집어내자면 끝이 없겠지만 그중에서도 '책만 보는 바보(간서치看書癡)', 조선 최고의 시인 이덕무를 빼놓을 수 없을 것 같다. 이덕무는 얼마나 매화를 사랑했는지 호를 '매화에 미친 바보'라는 뜻으로 매탕(梅宕)이라 짓고 스스로 윤회매(輪回梅)라 이름 붙인 밀랍 인조 매화를 만들어 혼자 또는 친구들과 함께 나누며 즐겼다. 벌이 매화꽃에서 꿀을 얻고 그 꿀에서 밀랍이 생기고, 이덕무는 그 밀랍으로 다시 매화를 만들었으니 가히 윤회매라 칭할 만하다. 그러나 그는 이렇게 고백한다.

"내가 윤회매 만들기를 좋아하는 까닭은 살아 있는 꽃 못지않은 아름다움 때문이기도 하지만, 손가락 끝에 온 신경을 모으고 매달릴 수 있는 그 일이 좋아서였다."

그는 윤회매 만들기에 집중함으로써 잠시나마 서자 출신으로서의 가난, 설움, 불확실한 미래를 잊으려고 했던 것이다. 이덕무에게 매화는 일이자, 취미이자 더 나아가 종교가 아니었을까.

이른 봄 우리 눈을 즐겁게 해주던 매화꽃이 사라지면 이제 연분홍색의 살구꽃 세상이다. 한쪽에서는 벚나무도 기지개를 켜고 있지만 아직은 살구꽃의 시간이다. 살구꽃은 분홍매화와 혼동하기 쉽다. 물론 꽃피는 시기가 다르기 때문에 둘을 구별하기는 그리 어렵지 않다. 이른 봄 가장 먼저 꽃을 피우는 것이 매화이고 그다음이 살구꽃, 그다음이 벚꽃이다.

매화와 살구꽃을 가장 확실하게 구별하는 방법은 꽃받침을 들여다보는 것이다. 매화나 살구꽃은 꽃봉오리 시절에는 모양이 거의 비슷하지만, 꽃이 활짝 피면 살구꽃 꽃받침은 완전히 뒤로 젖혀져 그렇지 않은 매화와 확연히 구별된다.

살구나무는 꽃도 예쁘고 열매도 새콤달콤하니 군침 돌게 하지만 그 이름

1	2
3	

1 살구 꽃봉오리(성남시청공원, 2022.4.2.)

2 살구꽃(성남시청공원, 2021.3.25.)
꽃이 활짝 피면 꽃받침이 완전히 뒤로 젖혀진다.

3 살구(성남시청공원, 2021.6.24.)

만큼은 좀 끔찍하다. 살구(殺狗)는 '개를 죽인다'는 의미다. 살구씨에 독성이 있어 그런 이름을 붙인 것으로 알려져 있다. 예부터 개고기 먹고 체했을 때 살구씨를 달여 마시는 민간요법이 전해지고 있는 것을 보면 이래저래 개와 상극인 것은 분명하다. 예부터 살구가 '의사나무'로 알려진 것도 우연은 아닌 듯하다. 살구나무 숲을 흔히 행림(杏林)이라고 하는데 이는 의사를 좀 더 품위 있게 부르는 별칭이 되었다.

민들레는 봄꽃인가?

민들레 하면 떠오르는 첫 이미지는 '홀씨'다. 이 민들레 홀씨는 독특하게 생긴 갓털, 즉 관모(冠毛)에 매달려 있다. 민들레라는 이름도 '갓털이 있는 열매가 바람에 날려 멀리 퍼지는 들꽃'이라는 뜻의 고어에서 비롯된 것으로 본다. 갓털은 국화과 식물의 두상화서(頭狀花序) 꽃차례와 관계가 있다. 두상화서는 작은 꽃들이 모여 하나의 꽃다발을 이루는 일종의 묶음꽃이다. 두상화서를 이루는 각각의 꽃들은 나팔꽃처럼 꽃잎이 하나로 붙어 있는데 이를 통꽃이라고 한다. 꽃잎이 떨어져 있는 갈래꽃과 상대되는 개념이다.

두상화서는 안쪽에 대롱꽃(통상화筒狀花), 바깥쪽에 혀꽃(설상화舌狀花)이 자리한다. 대롱꽃은 대칭 형태의 통꽃이 촘촘히 모여 있는 것이고, 혀꽃은 통꽃의 한쪽이 혓바닥처럼 늘어나 비대칭 형태로 이루어진 것이다. 식물에 따라 그 구조가 다른데 예를 들어 해바라기는 대롱꽃과 혀꽃이 모두 있지만 민들레는 혀꽃으로만 되어 있다.

두상화서의 또 다른 특징은 꽃 아래쪽에 마치 꽃받침처럼 보이는 총포(總苞)가 있다는 점인데, 총포는 하나의 꽃다발인 두상화서를 보호하는 역할을 한다. 진짜 꽃받침은 두상화서를 구성하는 하나하나의 작은 꽃들 아래쪽에 달려 있다. 민들레의 경우 꽃잎 아래쪽에 있는 열매가 익으면 그 씨앗이 바람에 잘 날아가도록 씨앗 위쪽에 깃털이 달리는데 이는 꽃받침이 변형된 것이다. 이것이 바로 관모(冠毛, 갓털)다. 민들레 씨앗은 바람만 잘 만나면 무려 100리 밖까지 씨앗을 날려 보낸다.

사람이나 동물에 착 달라붙어 씨앗을 퍼뜨리는 기능을 하는 도깨비바늘의 '갈고리 가시'도 일종의 관모다. 보통의 식물 꽃받침이 꽃을 보호하는 기능을 하는 데 반해 국화과 식물의 꽃받침은 관모 형태로 진화해 씨앗을 퍼뜨리는 기능을 담당하고 있는 것이다. 영리한 선택이다.

산민들레 갓털(밤골계곡, 2020.6.9.)

국화과 식물은 두상화서와 관모라고 하는 독특하고 유리한 구조 때문에 지구상에서 가장 성공한 개체가 되었다. 덩치가 큰 두상화서는 꽃가루받이 매개자들을 좀 더 효율적으로 불러모을 수 있고 수많은 수정이 한꺼번에 일어날 수 있다. 관모는 씨앗을 멀리 날려 보내기도 하지만, 동물들이 먹이로 삼는 것을 꺼려 해 더 오랫동안 생존할 수 있게 이끌었다. 지구상에서 가장 번성한 식물군은 속씨식물이고 그중에서도 가장 큰 비중을 차지하는 것이 바로 난초과와 국화과다. 전 세계적으로 국화과 식물은 약 32,000종이라고 한다.

민들레의 생태적 특징 중 또 하나는 원줄기가 없이 갈라진 잎들이 뿌리에서 바로 뭉쳐나서 사방팔방으로 그냥 드러누워 있는 모양이라는 점이다. 그 모양을 위에서 내려다보면 마치 장미꽃처럼 보인다고 해서 로제트(rosette)형 식물, 우리말로는 방석식물이라고 한다. 로제트형 식물은 추위와 더위, 건조한 환경, 밟히거나 베이기 쉬운 조건에 최적화되어 있다.

로제트 식물이 가장 많이 나타나는 시기는 겨울이다. 로제트형은 추위는 피하면서 햇빛을 받기에는 최선의 방법이다. 로제트 식물에도 줄기가 있지만 매우 짧아서 없는 것처럼 보인다. 로제트는 상당히 기능적인 월동 방식으로, 전혀 종이 다른 민들레, 냉이, 달맞이꽃 등이 공통적으로 즐겨 사용하는 전략이다. 굳이 추운 겨울에 잎을 펼치는 것은 지속적으로 광합성작용을 하기 위함이다. 이러한 활동으로 만들어진 에너지는 땅속뿌리에 고스란히 축적된다. 봄이 오면 그 어느 식물보다 재빠르게 성장해서 꽃을 피우는 것은 바로 이 축적된 영양분 때문이다. 물론 우리도 이를 '봄나물'로 활용한다. 로제트형 식물은 대개 상대적으로 식물들 사이에서 경쟁에 약한 종들이다. 이들은 강자들과 함께 경쟁하기보다는 꽃피우는 시기를 최대한 앞당기는 전략으로 살아남는다. 민들레가 대표적인 봄꽃 중 하나가 된 것도 이런 이유 때문이다.

그러나 이 대목에서는 고개가 갸우뚱해진다. 분명 민들레가 봄꽃이라 했는데 한여름 그리고 가을까지 우리 동네는 물론 전국 곳곳에 샛노란 민들레가 넘쳐난다. 도대체 어찌 된 일일까? 대표적인 민들레로는 토종 민들레, 산민들레, 서양민들레 등이 있는데 이들의 꽃피는 시기가 조금씩 다르기 때문이다. 토종 민들레는 보통 4~5월에 개화하기에 분명 봄꽃이 맞다. 이와 달리 산민들레는 5~6월, 서양민들레는 3~9월에 개화한다. 서양민들레는 봄꽃이기도 하면서 여름, 가을꽃이다. 게다가 우리 주변에 피는 민들레 중 90퍼센트 이상이 바로 이 서양민들레다. 토종 민들레가 들판을 덮었던 시절에는 민들레가 봄꽃이었지만 지금은 상황이 전혀 달라졌다.

최근에는 토종 민들레를 보기 어려워졌는데 이는 상대적으로 서양민들레가 워낙 강하게 번성하기 때문인 것으로 알려져 있다. 서양민들레는 토종 민들레의 꽃가루를 받을 수 있으나 토종 민들레는 서양민들레의 꽃가루를 받지 않기 때문에 두 종이 한 지역에 뿌리를 내리고 살아갈 경우 서양민들레가 살아남아 후손을 퍼뜨릴 확률이 훨씬 높아진다. 토종 민들레는 같은 종끼리만 꽃가루받이를 할 수 있으니 되도록 한 장소에 집

토종 흰민들레(탑골공원, 2020.4.15.)
뿌리잎이 규칙적으로 갈라졌다.

↑ **산민들레**(밤골계곡, 2020.6.9.)
뿌리잎의 갈라짐이 불규칙적이다.

↓ **서양민들레**(남한산성, 2023.4.20.)

단으로 모여 살아야 유리하다. 비즈니스의 세계에서 통하는 일종의 도미넌트(dominant) 전략이다. 민들레 무리 중에서 특히 토종 민들레는 이런 도미넌트 전략을 적극적으로 활용한다. 그럼에도 서양민들레 세력에 밀리는 것은 서양민들레의 생존력이 워낙 강하기 때문이리라. 서양민들레는 홀로 씨앗을 만드는 능력이 있고, 거친 환경에 대한 적응력도 탁월하다. 서양민들레는 군락을 이루기보다 한 포기씩 피어나는 경우가 많은데 이는 자신의 힘을 믿기 때문일 것이다.

토종 민들레(남한산성, 2023.4.10.)
총포조각 끝이 뿔처럼 돌기가 발달했다.

서양민들레 총포(맹산환경생태학습원, 2021.11.20.)
꽃을 받치고 있는 총포 일부가 아래로 축 처져 있다.

민들레의 특징 중 하나는 잎이 새의 깃털처럼 갈라져 있다는 점이다. 이 갈라진 잎 모양이 마치 사자 이빨 같다고 해서 민들레의 영어 이름은 댄들라이언(dandelion)이다. 토종 민들레, 산민들레, 서양민들레는 꽃 피는 시기가 약간씩 다르지만 이 잎 모양도 다르다. 토종 민들레와 서양민들레는 잎이 규칙적으로 갈라진 데 반해 산민들레는 갈라짐이 불규칙하고 심지어 갈라지지 않고 밋밋한 경우도 많다. 토종 민들레보다는 서양민들레가 더 깊이

파였다. 꽃을 받치고 있는 총포(꽃받침)의 형태도 서로 다르다.

토종 민들레와 산민들레는 총포가 꽃을 위로 감싸고 있는 데 반해 서양 민들레는 아래로 축 처져 있는 것으로 구별한다. 그리고 산민들레와 토종 민들레를 구별하는 방법 중 하나는 총포조각 끝에 도깨비 뿔처럼 생긴 삼각 돌기가 존재하는지의 여부다. 즉 삼각 돌기가 있으면 토종 민들레, 없으면 산민들레로 본다.

산수유와 생강나무의 봄꽃 경쟁

산수유와 생강나무는 대표적인 선화후엽(先花後葉) 식물이다. 언 땅이 채 녹기도 전에 마른가지에 샛노란 꽃을 화려하게 피워내며 앞서거니 뒤서거니 새봄을 알린다. 그 꽃의 생김새가 워낙 비슷해서 여름에 푸른 잎이 나오고 가을에 겨울눈을 내밀기 전까지는 산수유와 생강나무를 구별해내기가 그리 쉽지 않다.

산수유는 중국 산둥반도 이남이 원산지로 되어 있다. 봄이 오면 한반도 곳곳에서 봄꽃 축제가 시작된다. 3월의 구례 산수유꽃 축제는 봄축제의 서막이다. 전남 구례군 산동면 계척리에는 무려 1000년 동안 그 자리를 지키고 서 있는 산수유 고목이 하나 있다. 중국에서 들여온 산수유를 이 땅에 처음 심었다는 이른바 '시목지(始木地)'다. 11월이 되면 산수유 마을은 다시 온통 붉은색으로 물든다. 원색적인 산수유 열매의 화사함은 결코 봄꽃에 뒤지지 않는다. 열매 축제가 따로 열리지는 않지만 바지런한 여행자들은 산수유를 놓고 한 해 두 번의 축제를 즐긴다. 가을 풍경을 보면 산수유는 마치 여름이라는 계절을 생략해버린 듯하다.

1	2
3	4

1 산수유 꽃망울(밤골계곡, 2021.2.20.)
2 산수유 꽃(밤골계곡, 2021.3.4.)
3 산수유 열매(성남시청공원, 2021.11.27.)
4 산수유 겨울눈(밤골계곡, 2020.11.16.)

그러나 사실 여름만큼 산수유가 바쁘게 보내는 계절도 없다. 꽃 떨어진 자리에 잎을 내고 열매를 맺고 게다가 내년 봄에 틔울 겨울눈까지 만들어내야 한다. '고양이 손이라도 빌리고 싶은' 농부의 심정일 게다. 보이는 것이 세상의 전부는 아니다. 흔히 산수유를 봄나무로 생각하지만 사실 산수유는 겨울이 되기 직전부터 다음 해를 준비한다. 산수유의 1년 시작은 봄이 아니라 가을부터다.

생강나무는 녹나무과 생강나무속의 낙엽관목이다. 낙엽관목은 여름이 지나면서 잎이 떨어질 자리에 겨울눈을 만드는 데 온힘을 쏟는다. 겨울눈은 혹독한 겨울을 이겨내고 내년 봄에 새로운 생명으로 태어나기 위해 준비된 압축 생명체다. 식물은 이 생명체를 보호하기 위해 각기 다양한 방법으로 겨울눈을 만든다. 겨울눈은 겨울 숲이 보여주는 또 다른 풍경이다.

겨울눈은 사람의 지문처럼 그 형태가 제각각이다. 보통 잎눈은 뾰족하고 꽃눈은 둥근 형태이지만 이 또한 식물마다 조금씩 다르다. 이런 특성으로 겨울눈은 꽃과 잎을 다 떨군 나무들을 서로 구별하는 또 다른 기준이 된다. 다가오는 길고 긴 겨울 동안 들꽃 구경은 어려워진다. 그 긴 시간 동안을 나름 즐겁게 보낼 수 있는 것은 겨울눈이 있기 때문이다.

2020년 11월 중순의 어느 날 오후, 밤골계곡을 산책하면서 겨울눈을 찾기 위해 두리번거리던 중 생강나무 하나가 눈에 들어왔다. 어른 손바닥만 한 크기의 샛노란 단풍잎이 무척이나 예쁘기에 얼른 식물앱에 물어봤더니 생강나무란다. 봄철 꽃나무만 보아왔던 터라 생강나무 잎이 이렇게 생겼을 거라고는 상상하지 못했다.

생강나무 잎은 아주 독특하다. 일단 나무의 덩치에 비해 잎은 이상하리

1 생강나무 꽃봉오리(밤골계곡, 2021.3.2.)
2 생강나무 꽃(밤골계곡, 2021.3.9.)
3 생강나무 겨울눈 잎눈(밤골계곡, 2020.11.13.)
4 생강나무 겨울눈 꽃눈(밤골계곡, 2020.11.13.)
5 생강나무 잎(밤골계곡, 2020.11.13.)

만큼 크고 넓적하다. 그래서 생강나무를 흔히 '넓은잎작은키나무'라고 한다. 잎은 끝 쪽이 뭉툭하게 셋으로 갈라졌는데 그 모양이 숟가락과 포크를 합쳐 놓은 이른바 '숟가락포크' 모양이다. 군대 야전용으로 쓰이기 시작했지만 그 편리함 때문에 지금은 레저용으로도 널리 쓰인다. 어릴 적 소풍 도시락에는 젓가락이 따로 필요 없었다. '나무젓가락'이 주변에 널려 있었기 때문이다. 그 중 가장 인기 있는 건 바로 주변에서 흔하게 자라는 생강나무였다. 나무에서 살짝 생강 향까지 풍기니 자잘한 가지는 이쑤시개로도 그만이다.

촘촘히 달려 있는 자그맣고 통통한 생강나무 겨울눈들은 생명력이 넘친다. 겨울눈은 추위에 얼어 죽지 않기 위해 비늘 모양의 껍질 옷이나 털옷을 덧입는다. 일종의 방한복인데 생강나무 겨울눈이 선택한 것은 비늘 옷이다. 이를 눈비늘 또는 아린(芽鱗, bud scale)이라 한다. 겨울눈 중에서도 이 같은 유형을 비늘눈이라고 한다. 서너 달 뒤, 생강나무 겨울눈들은 그 두툼한 방한복을 훌훌 벗어던지고 특유의 샛노란 생강 꽃을 여기저기서 마음껏 터뜨린다.

내가 자란 강원도에서는 생강나무를 동백나무라 불렀다. 강원도는 추운 지역이라 동백기름이 귀했고 대신 생강나무 씨앗에서 기름을 짜내 동백기름 대용으로 사용했기 때문이다. 김유정의 소설 《동백꽃》의 그 동백은 바로 생강나무다.

목련 겨울눈과 꼬깔콘

목련은 지구상에 가장 먼저 모습을 드러낸 꽃식물 중 하나로 알려져 있다. 목련 꽃의 특징 중 하나는 꽃받침과 꽃잎이 뚜렷이 구별되지 않는다는 점이다. 이런 경우 둘을 묶어 화피편(花被片)이라 한다. 목련도 꽃이 핀 후 여름부터 가을에 걸쳐 여느 낙엽교목류처럼 다음 봄을 대비해 겨울눈을 만드는데, 이때 꽃받침이 따로 없는 꽃눈을 포엽(苞葉)으로 보호한다. 목련 꽃 포엽에는 독특하게 비단결 같은 털이 빼곡히 들어차 있다. 꽃눈을 완벽하게 보호해 주는 기능성 방한복이다. 그것도 여러 겹으로 층을 이루고 있어 완벽하게 외부 공기를 차단한다. 사람으로 치면 얇은 패딩 점퍼를 몇 벌 겹쳐 입고 있는 것과 같다.

포엽의 털은 보통 은색 또는 갈색을 띠지만 무색인 경우도 있다. 겨울눈을 감싸는 이 포엽은 흔히 눈비늘로 불린다. 많은 겨울눈이 이 눈비늘로 보호받는데 목련의 경우는 여기에 '털'을 보태 보온성을 한층 높인다.

처음 겨울눈을 감싼 포엽은 봄까지 그대로 이어지지 않는다. 곤충이 탈피를 통해 성체로 태어나는 것처럼 이 포엽도 겨울 동안 세 번 정도 껍질을 벗는

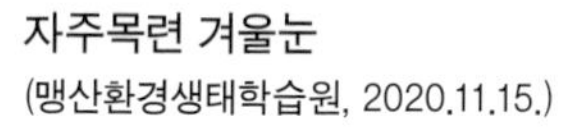

자주목련 겨울눈
(맹산환경생태학습원, 2020.11.15.)

자주목련 겨울눈 고깔
(맹산환경생태학습원, 2020.11.15.)

다. 보온 효과가 떨어진 낡은 옷을 벗어버리고 새 옷으로 갈아입는 것이다. 꽃눈에서 떨어져 나온 빈 껍질이 바로 어린아이들의 천연 장난감으로 그 역할이 바뀐다. 그 모양새가 추억의 과자 꼬깔콘을 쏙 빼닮았다. 꼬깔은 고깔의 변형어다. 고깔은 승려나 무당, 농악대들이 머리에 쓰는 뾰족모자를 가리킨다. "얇은 사 하이얀 고깔은 고이 접어서 나빌레라"로 시작하는 조지훈 시 〈승무〉의 바로 그 고깔이다.

큰 눈비늘조각 2장으로 이루어진 목련의 포엽은 두 조각이 너무 치밀하게 이어져 있어 하나처럼 보인다. 껍질이 벗겨질 때는 마치 지퍼가 열리는 것처럼 아래쪽에서부터 두 조각의 경계가 갈라지면서 고깔 모양으로 떨어져 나간다. 주도면밀하게 짠 목련의 겨울나기 전략이다.

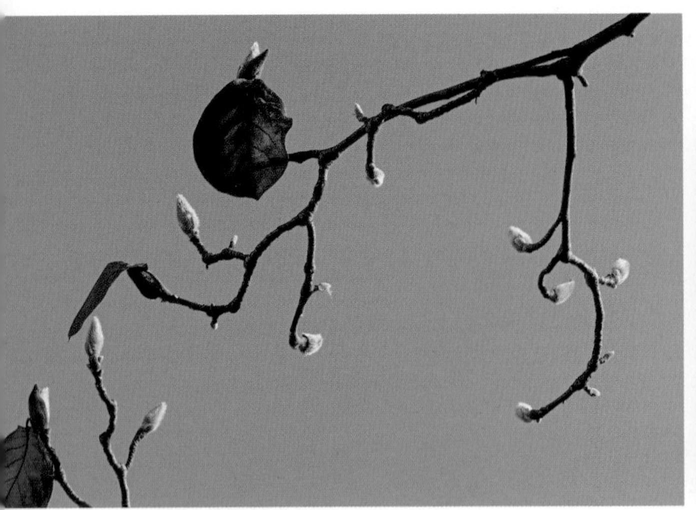

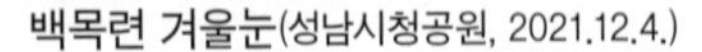

백목련 겨울눈(성남시청공원, 2021.12.4.)

백목련 겨울눈 탈피(맹산환경생태학습원, 2021.3.15.)

목련의 겨울눈 중 꽃눈과 잎눈은 모양과 크기로 구별된다. 꽃눈은 약간 통통한 달걀모양이고 잎눈은 뾰족한 바나나 모양이다. 그러나 뭐니 뭐니 해도 가장 큰 차이는 눈의 크기다. 꽃눈은 3센티미터, 잎눈은 1센티미터 정도이다. 활짝 핀 목련 꽃 크기가 16센티미터 정도이니 꽃눈 속의 꽃잎은 그보다 약 6분의 1로 압축되어 있는 셈이다.

여기서 궁금한 것이 하나 있다. 목련 잎도 사실 크기가 약 15센티미터이니 꽃의 크기와 별 차이가 없다. 그러니 비율로 따지자면 잎눈 크기도 대략 2센티미터가 되어야 옳다. 가만히 생각해보면 줄기 잎은 한 장인 데 비해 꽃은 여러 장의 꽃잎에 꽃술까지 있으니 부피의 압축 한계 문제일 수도 있겠다는 생각이 들기는 한다. 아무튼 봄이 오면 목련은 고깔을 벗어던지고 꽃봉오리를 드러낸다. 고깔을 살짝 머리에 이고 있는 목련의 꽃봉오리는 그 자체가 또 하나의 예쁜 꽃이다.

목련 하면 우리는 백목련을 떠올린다. 그런데 백목련과 목련은 엄연히 다른 종이다. 목련은 우리나라의 고유종으로 산에 자생하기에 산목련이라고도 하며, 백목련은 중국에서 들여온 것이다. 흔히 우리가 이 백목련과 목련을 혼동하는 것은 자생 목련이 우리 눈에 잘 띄지 않는 반면, 상대적으로 백목련은 주변에서 쉽게 접할 수 있기 때문이다. 물론 이 둘을 옆에 함께 놓고 보면 뚜렷하게 구별된다. 가장 눈에 띄는 점은 백목련은 만개했을 때 꽃잎을 활짝 젖히지 않지만 목련은 완전히 젖혀진다는 점이다.

백목련의 변종이 하나 있는데 바로 자주목련이다. 자주목련은 꽃잎 안쪽은 백색이고 바깥쪽이 연한 자주색을 띤다는 점에서 백목련과 다르다. 꽃봉오리 시절에는 꽃잎 바깥쪽만 보여 전혀 다른 종 같지만 꽃이 활짝 피면 자주색은 옅어지고 백색이 더 두드러진다. 매화로 치자면 백매화와 분홍매화의 관계와 비슷하다.

자주목련과 가장 많이 혼동하는 것이 자목련이다. 자목련은 자주목련과 달리 꽃잎의 안쪽과 바깥쪽이 모두 짙은 자주색이다. 엄밀하게 표현하자면 꽃잎 안쪽이 바깥쪽보다 살짝 옅은 자주색이다. 자목련은 백목련이나 자주목련보다 꽃 피는 시기가 약간 늦는 경향이 있다. 최근에는 공원이나 아파트 정원에서 별목련이 눈에 많이 띈다. 꽃잎이 별처럼 여러 갈래로 갈라졌다고 해서 붙인 이름인데 여느 목련과는 분위기가 사뭇 다르다.

들꽃 여행을 하면서 알게 된 새로운 사실은 목련에도 열매가 달린다는 것이다. 2021년 10월 중순 코로나19로 무기한 휴관에 들어간 맹산환경생태학습원 꽃밭을 오랜만에 찾았다. 휴관 상태에서도 꽃밭 출입은 가능하지만 그동안

1	2
3	4
5	

1 백목련 꽃봉오리(성남시청공원, 2021.3.17.)
2 백목련 꽃(성남시청공원, 2021.3.24.)
꽃잎이 완전히 젖혀지지 않는다.
3 자주목련 꽃봉오리(맹산환경생태학습원, 2021.3.28.)
4 자주목련 꽃(맹산환경생태학습원, 2021.3.30.)
꽃잎 안쪽은 백색이지만 바깥쪽은 연한 자주색이다.
5 별목련(탑골공원, 2021.4.6.)

자주목련 열매(맹산환경생태학습원, 2021.10.25)

방문을 자제해왔다. 어떤 곳이든 시간 차를 두고 가보면 새로운 '자연'이 눈에 들어오기 마련이다. 간헐적 들꽃 여행의 재미 중 하나다. 학습원의 가장 큰 변화를 바로 목련나무에서 발견했다. 바로 새빨갛게 익어가는 목련 열매다.

식물이 꽃을 피우는 이유는 열매를 맺어 씨앗을 퍼뜨리는 것이 목적이니 지극히 당연한 일이겠지만 목련에 꽃 못지않게 화려한 열매가 열린다는 생각을 그동안 하지 못하고 지냈다. 목련 열매는 여름에도 가끔 눈에 띄기는 하지만 그 색이 잎과 같은 녹색이라 잘 알아차리지도, 눈길을 끌지도 못한다. 그러다 꽃이 다 떨어지고 잎만 무성한 가을철이 되면 사정이 달라진다. 원통 모양의 열매가 짙은 자주색으로 물들고 은행알처럼 생긴 주황색 씨앗이 살짝 머리를 내밀면 봄철 목련 꽃 못지않게 눈길을 사로잡는다. 목련만큼 사계절을 리듬감 있게 보내는 꽃나무도 없는 듯하다.

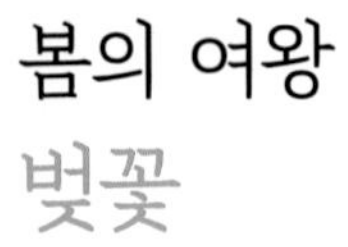

봄의 여왕
벚꽃

1970년대 대학 시절, 우리나라 봄철 벚꽃 명소 가운데 굳이 멀리까지 가지 않아도 손쉽게 밤벚꽃놀이를 즐길 수 있었던 창경궁은 요즘 말로 가성비 최고의 인기 데이트 장소였다. 지금은 눈만 돌리면 벚꽃 천지다. 마음만 먹으면 언제 어디서나 벚꽃을 즐길 수 있다. 아파트 단지는 물론이고 공원, 도로, 하천 변마다 벚꽃이 넘쳐난다.

산야에서 진달래꽃이 자취를 감추기 시작하면 슬슬 벚꽃이 피어난다. 언제부터인가 벚나무는 봄꽃 축제의 상징이 되었다. 벚나무로 불리는 식물은 세계에서 약 200여 종이 자라고 이 중 40여 종을 우리나라에서 볼 수 있다. 우리 눈에는 벚꽃이 피면 다 그게 그것인 듯싶지만 식물학자들의 눈에는 그렇지 않은가 보다. 봄철에 화사하게 피어나는 벚꽃 중 '진짜 벚나무'는 몇 안 되고 대부분 왕벚나무다. 창경궁의 그 유명한 벚꽃 무리도 왕벚나무다.

벚나무 중 가장 눈에 띄는 것 중 하나는 능수벚나무다. 수양벚나무, 처진올벚나무, 처진개벚나무 등으로도 불린다. 올벚나무와 개벚나무는 다른 종인 것 같은데 우리 같은 일반인이 구별해내기는 쉽지 않으니 그냥 뭉뚱그려 능수벚나무로 기억하는 게 마음 편하다.

능수벚나무는 특이한 모양새 때문에 누구든지 첫눈에 알아본다. 능수벚나무의 특징은 두 가지다. 첫째는 이름 그대로 나뭇가지가 아래로 축축 늘어진다는 것이고, 둘째는 다른 벚나무에 비해 비교적 일찍 꽃이 핀다는 것이다. 그러나 평균적으로 일찍 피는 것은 맞지만 꽃피는 시기는 장소나 지역마다 천차만별이므로 별 의미는 없는 것 같다. 화려하기로는 왕벚나무 꽃이 제일이기는 하지만 능수벚나무 꽃이 연출하는 독특한 분위기는 그 어느 벚나무도 따라오지 못한다. 특히 물가에 드리워진 능수벚나무 꽃줄기는 운치가 그만이다. 중앙공원 분당호 변의 능수벚나무는 매년 봄이면 그 진가를 유감없이 발휘한다.

일찌감치 봄을 알리는 능수벚꽃(중앙공원, 2021.3.26.)

능수벚꽃(중앙공원, 2021.3.26.)

벚꽃 엔딩을 알리는 겹벚꽃(맹산환경생태학습원, 2021.4.18.)

매년 봄철이면 어김없이 귀를 즐겁게 해주는 노래 하나가 있다. 〈벚꽃 엔딩〉이다. 이 곡은 장범준이 '벚꽃 축제에 온 커플들을 질투하며 벚꽃들이 빨리 지기를 바라는 마음'을 담아 5분 만에 만든 노래라고 한다. 그런데 이 노래를 듣고 있으면 그 감성은 정반대로 흐른다. 벚꽃이 사라지는 것을 안타까워하며 벚꽃을 조금이라도 더 즐기고 싶은 마음이 출렁이는 것이다. 이렇게 대중가요는 본래의 의미와 다르게 우리의 감성을 자극하는 것들이 적지 않다. 2인조 남성 포크(통기타) 그룹 트윈폴리오의 〈웨딩 케익〉의 경우만 해도 그렇다.

가사 내용은 '사랑하는 사람과의 이별을 노래하는 가슴 아픈 사랑 이야기'이지만 많은 사람은 사랑하는 연인과의 애틋한 사랑을 기리고 사랑하는 이와의 결혼을 자축하기 위해 찾아 듣는다. 그 가사를 제대로 이해할 수 없는 팝송의 경우는 더 그렇다.

새들을 유혹하는 버찌(율동공원, 2021.6.9.)

진짜 벚꽃 엔딩은 겹벚꽃과 함께 찾아온다. 능수벚꽃이 가장 일찍 피는 벚꽃이라면 겹벚꽃은 일반 벚꽃보다 대략 2주 정도 늦게 핀다. 덕분에 우리는 3월 말부터 4월 말까지 거의 한 달 동안 봄벚꽃놀이를 마음껏 즐길 수 있다. 벚꽃이 지면 봄의 절정기는 지나간 셈이다.

벚꽃이 지면 도시공원은 또 다른 잔치가 벌어진다. 바로 새들의 잔치다. 벚꽃이 진 자리에 올망졸망 달리는 버찌는 내 눈에도 꽤 먹음직스러워 보인다. 벚나무는 '벚'이 열리는 나무라는 뜻이고 '벚'은 '검게 익는 열매'를 말한다. 탐스럽게 주렁주렁 달려 있는 검은 버찌는 새나 사람들의 눈을 유혹하기에 충분하다.

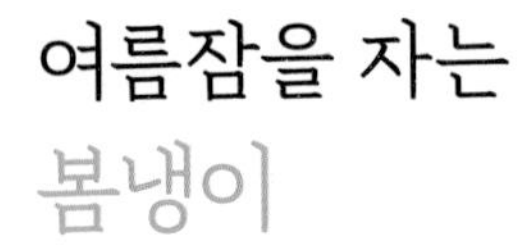

여름잠을 자는 봄냉이

냉이 하면 떠오르는 것은 봄나물이다. 냉이는 겨울을 나고 있는 밭에서 잘 자란다. 물론 농부들이 아직 농사를 시작하지 않은 빈 밭이다. 냉이의 생애주기와 농부의 농사 주기는 겹치지 않는다. 냉이의 뛰어난 전략이다. 흔히 밭에서 자라는 들풀로 농사에 방해가 되는 것을 '잡초'라고 하지만 냉이가 잡초 대신 '봄나물'이라는 이름을 얻은 것은 바로 이 때문이다.

냉이의 전략은 치밀하고 지능적이다. 농부가 한해 농사를 시작하기 위해 땅을 갈아엎기 전에 부지런히 싹을 틔우고 열매를 맺는다. 그 열매는 땅이 갈아엎어지면 저절로 땅속으로 들어가 '여름잠'을 자고 가을에 농사가 끝난 다음 다시 싹을 틔운다.

우리가 냉이를 봄나물이라고 부르기는 하지만 냉이의 생애주기는 사실 봄이 아니라 가을에 시작된다. 가을이 되면 방석 모양의 뿌리잎(rosette)을 내고 광합성작용을 계속하면서 이대로 겨울을 난다. 냉이를 두해살이풀이라고 하는 것은 이 때문이다. 겨울을 지내는 동안 냉이는 성장을 일시 멈춘다. 이때 냉이 잎은 검은색에 가까운 어두운 색을 띤다. 그러다 봄이 되어 햇살이 따뜻

냉이 꽃(중앙공원, 2022.4.6.)

해지면 광합성작용을 활발히 하면서 색도 부드러운 녹색으로 바뀐다. 뿌리와 잎에 에너지와 영양분이 넘치는 시간이다. 이때가 바로 우리에게는 나물하기 딱 좋은 시간이다.

냉이는 나시, 나이, 남새, 나생이 등에서 유래한 고유의 우리말이다. 이 말들은 모두 나물이라는 뜻이니 냉이는 나물 중의 나물인 셈이다. 흥미로운 것은 나생이의 어원이다. 나생이는 한자어 납생(臘生)에서 파생된 것으로 본다. 납생의 납은 12월을 뜻한다. 지금은 거의 쓰지 않지만 한자어 구랍(舊臘)이라는 말은 음력으로 '지난해 12월'이라는 뜻이다. 냉이의 관점에서 납생은 '한겨

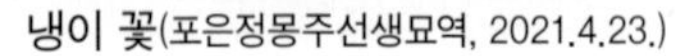

냉이 꽃(포은정몽주선생묘역, 2021.4.23.)

냉이 뿌리잎(포은정몽주선생묘역, 2021.4.13.)
봄이 되면 어두운 색에서 밝은 녹색으로 바뀐다.

울에도 살아 있는 풀'이라는 의미다. 납생은 냉이의 생태적 특징을 잘 표현한 말이며, 나생이의 어원인 것이다. 얼마 전까지만 해도 나생이는 냉이의 지방어로 쓰였다. 우리 어릴 적 강원도에서도 냉이를 나생이 또는 나새라고 불렀다.

나물의 계절이 지나면 냉이는 또 한 번 우리에게 새로운 봄을 선사한다. 바로 냉이 꽃이다. 냉이 꽃은 흔하디흔해서 눈길 한번 제대로 주지 않지만 무리 지어 피어 있는 냉이 꽃은 꽤 볼 만하다. 흰색 냉이 꽃 무리는 노란색 무리의 꽃다지와 어울려 봄의 절정을 이룬다. 물론 냉이 꽃이 모두 흰색은 아니다. 냉이라는 이름이 붙은 식물은 30여 종에 이른다. 이 중 우리 주변에서 비교적 쉽게 볼 수 있는 황새냉이, 좁쌀냉이, 미나리냉이, 다닥냉이 등은 모두 흰색이

1 황새냉이(성남시청공원, 2021.4.11.)
2 좁쌀냉이(밤골계곡, 2021.4.22.)
3 미나리냉이(밤골계곡, 2021.5.3.)

지만 나도냉이류는 노란색 꽃을 피운다.

냉이에게 여름은 변신의 계절이다. 화려한 변신이다. 털다닥냉이가 바로 그 주인공이다. 털다닥냉이는 유럽-서아시아에서 들어온 외래종으로 키는 약 40센티미터까지 자란다. 하나의 본줄기에서 여러 줄기가 갈라져 나온다. 털다닥냉이의 생김새는 길다닥냉이와 아주 비슷한데 털의 유무, 줄기잎과 열매의 모양으로 구별된다.

우선 털다닥냉이는 이름 그대로 작은 솜털이 나 있지만 길다닥냉이에는 없다. 잎 모양은 털다닥냉이가 약간 타원형인 데 비해 길다닥냉이는 그냥 길쭉하다. 열매는 둘 다 원형이지만 털다닥냉이는 타원형에 가깝다. 잎이나 열매가 타원형인 것이 털다닥냉이라고 보면 된다. 다닥냉이는 열매가 '다닥다닥' 붙은 데서 유래하는 이름으로 알려졌는데, 열매가 달린 자루를 흔들면 역시 '다닥다닥' 소리가 난다고 하니 이래저래 이름 하나는 잘 지었다. 총상꽃차례에서 5~6월에 흰색 꽃이 피고 둥글고 납작한 모양의 열매가 열린다.

털다닥냉이(포은정몽주선생묘역, 2020.6.27.)

냉이에게 친한 동네 친구가 하나 있다. 바로 꽃다지다. 꽃다지는 작은 노란색 꽃을 3월부터 피우기 시작해 꽃줄기가 20센티미터 정도로 자라는 5월까지 이어진다. 꽃다지는 줄기가 자라면서 아래쪽부터

꽃다지(포은정몽주선생묘역, 2021.3.8.)

꽃다지 뿌리잎(포은정몽주선생묘역, 2021.3.8.)
보송보송한 솜털로 단단히 무장되어 있다.

꽃다지 무리(포은정몽주선생묘역, 2021.3.8.)

경칩 두꺼비(포은정몽주선생묘역, 2021.3.5.)
경칩에 때맞춰 튀어나온 두꺼비가 연못을 향해 느릿느릿 걸음을 옮기고 있다.

꽃이 피고 닫기를 반복한다고 해서 붙인 이름이다. 꽃다지는 냉이와 함께 봄이 왔음을 알리는 대표적인 식물이다. 햇살이 제법 따뜻해지기 시작하면 양지바른 곳을 중심으로 흰색 냉이 꽃과 노란색 꽃다지 꽃이 함께 어우러져 있는 모습을 심심치 않게 볼 수 있다. 봄이 무르익고 있음을 보여주는 상징적 풍경이다.

2021년 3월 5일 경칩, 포은정몽주선생묘역에서 처음으로 만난 꽃도 바로 이 꽃다지와 냉이 꽃 그리고 별꽃이었다. 엉금엉금 기어 연못으로 향하는 두꺼비도 만났다. 제대로 된 경칩을 온전히 누린 하루였다.

여름의 전령
아까시나무

아까시나무는 오래전부터 여름을 알리는 바로미터였다. 아까시나무는 봄과 여름의 경계선상에서 꽃을 피운다. 예부터 아까시나무 꽃이 피면 산불이 더 이상 일어나지 않는다고 했다. 건조기에서 습윤기로 넘어가는 시기이기 때문이다. 물론 기후변화로 인해 이 말은 최근에는 잘 들어맞지 않는 경우가 많아지긴 했다.

아까시나무는 얼마 전까지만 해도 아카시아로 불렸다. 아카시아는 아프리카나 오스트레일리아 등 온대와 열대기후 지역에 사는 나무다. 2003년 1월 아프리카 사바나 지역을 여행한 적이 있다. 당시 사바나 사파리를 즐기면서 가장 인상 깊었던 풍경은 기린들이 길게 목을 늘여 나뭇잎을 따먹는 여유로운 모습이었다. 알고 보니 그 나무가 바로 아카시아였다. 생긴 모양으로 보통 '우산형 아카시아'로 부른다.

우리나라에 들어온 아까시나무는 냉온대기후 지역인 북아메리카가 원산지다. 건조하고 척박한 땅에서도 잘 자라기 때문에 1950~1960년대 황폐해진 우리 산지를 녹화하기 위해 적극적으로 보급된 나무다. 처음 들여온 것은 대

아카시아(아프리카 케냐, 2003.1.9.)
아카시아는 아프리카 사바나 경관을 대표하는 나무다.

략 1880년대로 알려져 있고, 경북 성주에 있는 130년된 노목이 현재 가장 오래된 아까시나무로 기록되어 있다. 당시 전국으로 퍼져 자리를 잡은 아까시나무 덕을 본 사람들 중 하나는 양봉가들이었다. 꿀이 풍부하고 맛도 그 어느 꿀보다 달콤하기 때문이다. 아까시나무 꽃이 피는 계절이면 아까시 꿀만 따로 채취했고 유독 아까시 꿀만 찾는 소비자들도 적지 않았다.

그런데 상황이 달라졌다. 그렇게 흔하던 아까시나무가 눈에 띄게 줄어들었다. 바로 참나무류 때문이다. 아까시나무는 성장 속도가 상당히 빠른 반면 뿌리를 깊게 내리지는 못한다. 그래서 50년 정도 자랄 대로 자란 뒤에는 조금만 바람이 강하게 불어도 제 무게를 견디지 못하고 뿌리째 뽑혀버리고 만다. 관리되지 않는 아까시나무는 수명이 생각보다 더 짧다. 이렇게 사라지는 아까

아까시나무(탄천, 2021.5.9.)

시나무 숲으로 거침없이 밀고 들어오는 것이 참나무류이다. 참나무류가 숲을 채우기 시작하면 아까시나무는 빠른 속도로 주변으로 밀려난다. 그 흔하던 아까시 꿀도 그래서 지금은 귀하다. 그래도 5~6월만 되면 코끝을 간질이는 아까시 꽃 향기는 그 무엇보다 매혹적이다.

아까시나무의 또 다른 특징은 목질이 단단하고 치밀할 뿐만 아니라 강하면서도 탄력성이 뛰어나다는 점이다. 잘 썩지도 않는다. 그래서 오래전부터 아까시나무는 나무 수레바퀴를 만드는 재료로 쓰였다. 북아메리카 개척 당시 주요 교통수단이었던 마차 바퀴에서부터 우리나라의 달구지 등 모든 수레바퀴는 바로 이 아까시나무로 만들었다. 북아메리카에 아까시나무가 없었다면 아마 미국 서부 개척사는 그 양상이 전혀 다른 쪽으로 전개되었을지도 모른다. 식물은 가끔 세계 역사의 수레바퀴를 다른 쪽으로 굴러가게도 한다.

아까시나무의 장점을 일찌감치 알아차린 나라가 있다. 헝가리다. 약 400년 전 역시 북아메리카에서 아까시나무를 들여온 이 나라는 산림의 25퍼센트가 아까시나무다. 아까시나무는 가지가 제멋대로 자라 관리가 어렵고 목재로서의 효율성이 떨어진다는 단점이 있는데 이러한 단점을 극복하기 위해 헝가리에서는 오랫동안 품종 개발에 주력해왔다. 그 결과 상품성이 높은 7개 품종을 집중적으로 식재해 자원으로 활용하고 있다. 유럽에서 가장 많은 아까시 꿀을 생산하는 헝가리에서는 아까시 꿀이 다른 꿀보다 두 배 높은 가격으로 거래되고 생산량의 80퍼센트 정도를 유럽 각국으로 수출한다고 한다. 이러한 헝가리 정부의 아까시나무 사업에 주목한 우리나라 정부 연구기관도 헝가리와 공동연구를 진행하고 있는 것으로 알려졌다.

화려한 장미꽃에 날카로운 가시가 숨어 있듯이 향기로운 아까시 꽃 뭉치 밑에는 역시 무시무시한 가시가 숨어 있다. 아까시나무 하면 떠오르는 대표적 이미지는 달콤한 꽃향기와 날카롭고 큼지막한 가시다. 아까시나무 가시는 위험하기는 하지만 때로는 바늘 대용 등으로 아주 긴요하게 쓰였다. 큰 가시를 하나 떼어 이마에 떡하니 붙여놓으면 도깨비도 되고 공룡도 되고 코뿔소로도 변신한다. '턱잎'이 변한 아까시나무의 가시는 여느 나무와는 달리 살짝 힘만 주어도 쉽게 떨어진다. 반면에 모양은 비슷하지만 '가지'가 변한 탱자나무 가시는 쉽게 떼어지지 않고 힘을 많이 주면 아예 가지가 부러진다. 잎과 가지의 특성 차이다.

아까시나무 잎은 어릴 적 '잎 떼어내기 놀이'에 안성맞춤이었다. 나뭇잎이 부드러워 손끝에 느껴지는 촉감도 아주 좋다. 친구 둘 또는 셋이 나뭇잎을 하나씩 떼어가며 '줄까 말까', '갈까 말까' 등 무얼 선택할 때 재미 삼아 잎을 떼어내면서 그 선택권을 아까시나무 잎에 맡겼다.

아까시나무 잎을 놀잇감으로 이용했던 것은 나뭇잎 구조가 우상복엽(羽狀複葉)인 덕분이다. 식물의 잎은 잎자루에 하나의 잎몸이 달린 단엽과 작은

아까시 꽃과 우상복엽(탄천, 2021.5.9.)
우상복엽은 여러 장의 잎들이 새의 깃털처럼 마주난다고 해서 붙인 이름이다.

서양칠엽수의 장상복엽(율동공원, 2021.5.7.)
잎이 7장으로 갈라진다고 해서 칠엽수이고 그 모양이 손바닥 같다고 해서 장상복엽이다.

잎들이 모여 하나의 잎을 이루는 복엽으로 구분된다. 복엽에는 작은 잎들이 한 축을 따라 마주 나는 우상복엽과 손바닥 모양으로 빙 돌려 나는 장상복엽(掌狀複葉)이 있다. 같은 복엽이지만 으름덩굴과 서양칠엽수는 장상복엽이다. 복엽은 온도조절에 유리하고 빗물이나 강한 바람에 의한 피해를 줄이는 데 효과적이다.

칠자화의 꽃단풍

인동과의 낙엽활엽수인 칠자화(七子花)는 한 줄기에서 꽃이 7송이 핀다고 해서 붙인 이름이다. 그러나 실제 꽃송이는 6송이다. 6송이가 뭉쳐 있는 꽃차례를 하나의 꽃으로 본 때문인 것 같다.

그런데 흥미롭게도 칠자화는 나무도감에도 나오지 않고 네이버 지식백과를 검색해도 '자료 없음'이다. 중국에서 들어온 지 얼마 되지 않은 신생 품종이기 때문일 수도 있다. 진위 여부는 잘 모르겠지만 정작 중국에서는 국가보호종으로 지정되어 있었는데 지금은 '멸종'되었다는 이야기도 들린다.

칠자화는 여름과 가을, 1년에 두 번 '꽃'을 볼 수 있는 나무로 유명하다. 처음 꽃은 8월쯤부터 피기 시작하는 흰색 꽃이다. 진짜꽃이다. 10월쯤 가을바람이 불기 시작하면 흰색 꽃은 떨어지고 급기야 꽃받침만 남는다. 그런데 이 꽃받침이 다시 붉은색 옷으로 갈아입는다. 말하자면 꽃단풍이 드는 것이다. 그 모양이 마치 새로운 꽃이 피는 것처럼 보인다. 칠자화의 흰색 꽃이 붉은 단풍으로 바뀌었다는 것은 바로 가을이 코앞에 다가왔다는 신호다.

칠자화는 꿀이 풍부하고 향기 좋은 밀원식물이다. 꽃이 귀한 계절에 벌

↑ **칠자화**(성남시청공원, 2021.9.18.)

← **칠자화 꽃단풍**(중앙공원, 2021.10.8.)
여름에 핀 흰색 꽃의 꽃받침이 가을이 되어 빨갛게 물들면 마치 또 하나의 꽃이 핀 것 같은 착각을 일으킨다.

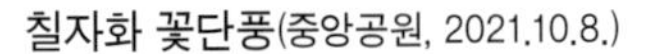

칠자화 꽃단풍(중앙공원, 2021.10.8.)

칠자화 꽃단풍(성남시청공원, 2021.10.23.)

과 나비에게 이처럼 고마운 꽃나무도 없다. 충남 청양군에서는 2020년부터 칠자화 특화 거리를 조성하고 있다 한다. 청양은 겨울 기온이 낮아 일반적인 꽃나무를 식재하기가 좀 까다로운 조건인데 이 칠자화는 추위에 강한 품종으로 알려져 있다. 청양보다 훨씬 위도가 높은 우리 동네도 최근 칠자화가 여기저기 많이 보인다. 특히 중앙공원 산책로를 따라 새로 심은 칠자화들이 지지대에 의지해 길게 줄지어 있다. 몇 년 정도 지나면 이 칠자화가 중앙공원을 상징하는 또 하나의 꽃나무가 될 듯싶다.

장소를 가리는 들꽃

자연의 생명체들은 저마다 좋아하는 장소가 따로 있다. 기후와 토양이 다르고 지형이 다른 곳에서는 서로 다른 들꽃들이 자란다. 도시 주변에서 사람들과 함께 살아가는 들꽃이 있는가 하면, 들과 산 그리고 바닷가를 고집하는 자연형 들꽃도 있다. 어떤 들꽃은 물가를 좋아하거나 아예 물속으로 텀벙 뛰어든 녀석도 있고 반대로 건조하고 척박한 땅을 생존 환경으로 선택하기도 한다. 같은 물이라도 어떤 식물은 바닷가를, 또 어떤 식물은 강가나 호숫가를 더 선호하기도 한다. 아니면 물도 아니고 땅도 아닌 질퍽한 습지 환경에 최적화된 식물도 많다.

물론 한 장소에 자리를 잡았다고 해서 평생 그곳에서 뿌리를 내리고 살아가지는 않는다. 몇 년 사이에 옆 동네로 슬쩍 자리를 옮기기도 하고, 수십 년 또는 수 세기에 걸쳐서 바다를 건너고 대륙을 뛰어넘어 전혀 다른 장소로 그 터전을 확장한다.

한반도에 살아가는 수많은 식물종 중에는 우리 땅에서 태어나 지금도 그 자리를 고수하는 식물이 있는가 하면, 오래전 우리 땅을 떠났다가 다시 귀향한 외래종 아닌 외래종도 적지 않다. 이런저런 이유로 자리를 옮겨 다니기는 하지만 결국 여러 식물이 최종 선택한 장소는 바로 현재 그들이 살아가는 그곳이다. 들꽃이 살아가는 장소는 그들이 살아온 과거의 이력과 고유한 속성을 보여주는 바로미터다.

◀ 사람 손길이 닿는 곳을 좋아하는 개불알풀

물속으로 뛰어든 버드나무

버드나무는 버들과 나무를 합친 이름이다. 다른 나무에 비해 자라는 형태를 특징 삼아 붙인 이름으로 '버들'은 꼬부렸던 것을 '쭉 펴다'라는 뜻의 '뻗다, 벋다(신伸, 연延)'에서 유래한다. 버드나무는 위를 향해 쭉 벋어가는 나무라는 의미다.

버드나무는 습지나 하천을 좋아하는 대표적인 습지성 식물이다. 아니, 버드나무는 아예 물속에 들어가 살기도 한다. 학명 '살릭스(*Salix*)'도 '물가에 산다'는 뜻의 라틴어다. 버드나무는 오래전부터 이집트, 고대 그리스, 서남아시아 등지에서 해열제와 진통제로 사용되어 왔다.

1828년 독일 약리학자 요한 안드레아스 부흐너(Johann Andreas Buchner)는 버드나무 껍질에서 분리한 추출물을 살리신(salicin)이라 이름 지었고, 이후 이탈리아 화학자 라파엘레 피리아(Raffaele Piria)는 이 물질을 산성(살리신산)으로 만드는 방법을 발견했다. 이 살리실산에 아세틸 분자가 더해진 것이 바로 '아스피린'으로 1853년에 처음 합성된 뒤, 독일 바이엘사에 의해 1899년 공식적인 의약품으로 출시되어 지금에 이르고 있다.

내가 즐겨 찾는 탄천 변에서 가장 많이 보이는 식물이 바로 이 버드나무류다. 도시하천을 건강하게 지켜주는 터줏대감인 셈이다. 버드나무는 진달래와 함께 가장 일찍 봄을 알리는 전령수다. 산에 진달래가 있다면 갯가에는 버드나무가 있다. 버드나무를 베어버리면 도끼 자국이 마르기도 전에 새싹이 돋는다고 할 정도로 생명력이 강하다.

축축 늘어지는 유연한 가지는 버드나무의 상징이다. 더 잘 늘어지는 능수버들이 있긴 하지만 대체로 버드나무류는 다 그렇다. 이러한 성질은 나무를 단단하게 하는 리그닌이라는 성분이 충분하지 않기 때문인데 버드나무는 이

물을 좋아하는 버드나무(탄천, 2021.11.3.)

러한 결정적인 단점을 지녔음에도 나무로서의 삶을 꿋꿋이 살아간다.

버드나무 종류는 세계적으로 520여 종이나 되고 우리나라에는 이 중 43종이 자라고 있다. 내 눈에는 다 그 나무가 그 나무 같은데 놀라운 숫자다. 사실 계통분류가 너무 어려워 전문가들조차도 버드나무류 전체를 아직 명확하게 구분하지 못하고 있다 한다. 우리나라에서 가장 흔히 볼 수 있고 비교적 쉽게 구별해낼 수 있는 종류는 왕버들, 수양버들과 능수버들, 용버들, 갯버들 정도다.

왕버들은 이름 그대로 엄청 큰 버드나무다. 시골 마을의 수호신으로 자리 잡은 버드나무는 십중팔구 이 왕버들이다. 갯버들이 유속이 빠른 하천가를 좋아하는 데 반해 이 왕버들은 유속이 느린 하천이나 물이 고여 있는 저수지를 좋아한다. 경북 청송 주산지의 명물 왕버들도 아예 물속에 몸을 푹 담그고 살아간다. 버드나무 종류를 보면 그곳의 자연환경을 거꾸로 추적해낼 수도 있다. 수양버들과 능수버들은 축축 늘어진 것으로 여느 버들과 구별되는데, 이 둘을 제대로 구별하는 것은 쉽지 않다. 용버들은 곱슬머리처럼 나무줄기가 모두 꼬불꼬불 구부러져 있는 것이 특징이다.

뭐니 뭐니 해도 우리의 정서상 가장 친숙한 것은 갯버들이다. 갯버들은 겨울이 채 가기도 전에 겨울눈을 벗어버리고 봄맞이 채비를 하는 아주 바지런한 버드나무다. 갯버들의 정체성은 바로 버들강아지다. 입춘이 지나면 겨울눈이 서서히 무거운 고깔을 벗어던지기 시작한다. 버들강아지의 계절이 시작되는 것이다. 머지않아 봄바람이 살랑살랑 불어오면 버드나무에도 한껏 물이 오른다. 이때가 바로 버들피리를 불기 딱 좋을 때다. 가느다란 줄기를 잘라 속살을 쏙 빼버리면 자연 피리, 즉 호드기가 만들어진다. 어릴 적 동심의 세계를

↑ **왕버들**(경북 청송 주산지, 2017.8.20.)

→ **용버들**(탄천, 2021.4.17.)

끄집어내기에 딱 좋은 버들강아지와 버들피리다. 늦겨울이나 이른 봄, 갯가를 따라 하얗게 피어나는 버들강아지는 삭막한 겨울의 마지막 자락을 보내는 우리에게 아주 특별한 풍경이었고 버들피리는 주변 어느 곳에서나 손쉽게 구할 수 있는 천연 악기였다.

버들강아지 하나를 따서 손바닥 위에 놓고 살살 문지르면 보드라운 강아지 털의 촉감이 고스란히 전해진다. 그야말로 내 손안의 '강아지'다. 집으로 돌아올 때 버들강아지를 몇 가지 꺾어 빈 병에 꽂아 놓으면 온 방 안이 금세 훤해졌다. 아직 꽃다운 꽃을 볼 수 없는 계절이라 나름 이른 봄을 즐기는 특별한 방법이기도 했다.

버들강아지(탄천, 2021.2.7.)

버들강아지는 버드나무류의 꽃이다. 정확히 말하자면 꽃봉오리다. 사실 지금까지 이 버들강아지를 꽃이라고 생각해본 적이 없다. 버드나무에 꽃이 핀다는 개념조차 없었다. 그냥 내 눈에 버들강아지는 버들강아지일 뿐이었다.

봄기운이 더 짙어지면 버들강아지의 변신이 시작된다. 버들강아지에서 꽃이 피는 것이다. 갯버들은 버드나무 종류 중에 가장 먼저 꽃봉오리가 맺히고 또 꽃을 피운다. 그러니 우리가 어렸을 적에 가지고 놀던 버들강아지 대개가 이 갯버들이었을 확률이 높다. 버들강아지는 사실 이 갯버들의 꽃을 가리키지만 좀 더 넓은 의미로 쓰여 왔다.

갯버들은 수꽃나무와 암꽃나무가 따로 있는 암수딴그루이다. 대개의 동물 세계처럼 수꽃이 더 화려하고 암꽃은 상대적으로 수수하다. 3월에 들어서면 샛노란 갯버들 수꽃이 활짝 피어난다. 하얀 버들강아지가 어느새 노란 버들강아지로 옷을 갈아입는다. 봄날의 시계는 다른 계절보다 세 배 정도는 빠르게 돌아가는 듯싶다.

버들 꽃이 흐드러지면 겨우내 단꿀에 굶주렸던 꿀벌들이 일시에 무리 지어 모여든다. 아직 꽃이 귀한 시간이라 꿀벌에게는 이보다 더 좋은 기회도 없다. 과수 농가에서는 과수원 주변에 버드나무를 심어 일찌감치 벌들을 불러

갯버들 수꽃(탄천, 2021.3.13.)

갯버들 암꽃(탄천, 2021.2.27.)

버들솜(분당천, 2021.3.26.)

모았다고 한다.

일찍 꽃이 피는 만큼 열매 맺는 시간도 무척 빠르다. 3월 말이 되면 탄천이나 분당천 변 여기저기 버들솜이 맺히고 급기야 앞다투어 솜털 같은 씨앗을 흩뿌리기 시작한다. 봄철에 흩날리는 하얀 솜뭉치를 이전에는 꽃가루로 알고 있는 사람들이 많았지만, 이젠 버드나무 홀씨 뭉치라는 것을 대부분 알고 있다. 버드나무가 그 풍성한 솜뭉치를 품어내기 시작하면 우리는 "아, 봄이구나" 하는데 사실 버드나무 입장에서는 봄을 마무리하는 시간이다. 사람의 시간은 들꽃의 시간보다 한 박자 늦게 찾아오는 것 같다.

버들솜은 그 모양이 마치 목화솜 같다. 그래서 버들솜이다. 국어사전에도 나와 있다. 나무도감에는 5월이 되어야 열매가 익고 버들솜이 날린다고 되어 있다. 우리는 오래전부터 버들강아지가 피어나는 것을 보면 봄이 시작되었음을 알아차렸고 버들솜이 온 세상을 날아다니면 이제 곧 여름이 닥치는 것으로 여겼다. 헌데 요즘은 5월은커녕 4월도 아니고 3월에 버들솜이 날아다닌다. 세월이 많이 변했다.

봉황을 닮은 물봉선

물봉선은 봉선화와 비슷하면서도 물가나 습지에서 모여 자라는 습성이 있다고 해서 붙인 이름이다. 물봉선이 우리 고유의 들꽃인 반면, 봉선화는 인도·동남아시아 원산으로 중국을 통해 화초로 들여왔다는데 정확한 시기는 알려져 있지 않다.

8월 한여름은 물봉선의 계절이다. 도랑이나 물기가 조금이라도 있는 곳이면 물봉선 일색이다. 일반적으로 물봉선은 꽃색이 자주색이지만 흰물봉선, 노랑물봉선도 있다. 우리 주변에서 가장 흔하게 보이는 건 자주색물봉선이다. 자주색물봉선을 가야물봉선이라고도 한다는 자료도 있지만, 같은 자주색이라도 이 둘은 서로 종이 다른 것이라는 연구 결과가 발표된 적이 있다. 가야물봉선은 검은색에 가까운 더 짙은 자주색이고 꽃 모양도 훨씬 작고 갸름한 것이 특징이다.

물봉선은 분포 면에서 지리적 차이를 보인다. 자주색물봉선은 일반적으로 평지에서, 흰물봉선과 노랑물봉선은 주로 해발 600미터 이상의 높은 산지에서 잘 자란다. 가야물봉선의 '가야'는 합천 가야산(1,430미터)이 기원으로 되

1 2 3 4

1 물봉선(맹산환경생태학습원, 2020.8.27.)
2 물봉선(밤골계곡, 2020.9.1.)
3 물봉선(밤골계곡, 2020.9.8.)
반쯤 물에 담그고 살아가는 물봉선 무리
4 물봉선 열매(밤골계곡, 2020.10.1.)

어 있으니 지리적 관점에서 보아도 가야물봉선은 자주색물봉선과는 다른 종일 확률이 높다. 그밖에 지리적 특성을 강조한 물봉선으로는 거제물봉선, 제주물봉선 등도 있다.

2020년 8월 어느 날 한여름 무더위 속에 나선 밤골계곡 산책길에서 자주색물봉선 무리 속에 섞여 있는 두 그루의 흰물봉선이 눈에 들어왔다. 흰물봉선은 이렇게 자주색과 섞여 있기도 하지만 때로는 따로 큰 무리를 지어 피어나기도 한다. 사실 흰물봉선이라고는 하지만 전체가 흰색은 아니고 자주색과 노란색이 약하게나마 섞여 있다. 그 모습을 보면서 흰물봉선이 '원조 물봉선'이고 여기에서 자주색물봉선이나 노랑물봉선이 '특화'된 것은 아닐까 하는 엉뚱한 생각도 해본다. 어쨌든 흰물봉선은 자주색만큼 눈에 확 띄지는 않는다. 그러나 찬찬히 들여다보면 자주색과는 또 다른 수수한 아름다움이 풍기기도 한다. 바로 봉황의 기품이 이런 것이 아닐까 싶다.

봉선(鳳仙)이라는 이름은 한자 뜻 그대로 꽃이 활짝 핀 모습이 봉황새를 닮았다고 해서 붙인 것이다. 꽃색이 자주색이든 흰색이든 봉선의 정체성은 바로 봉황이다. 봉은 수컷, 황은 암컷이니 더 구체적으로는 수컷 봉황이다. 대부분의 동물은 수컷이 암컷보다 화려하다. 봉황은 상상 속의 새이기에 특정 모습인 것은 아니다. 문서나 그림으로 또는 말로 전해오는 봉황의 모습은 무척 다양하다. 우리 선조들은 한 마리의 봉황 속에 기러기, 기린, 뱀, 물고기, 황새, 원앙, 용, 호랑이, 제비, 닭 등 최소 10가지 동물 형상이 있고 색도 다섯 가지가 오묘하게 섞여 있는 것으로 묘사했다.

그러면 물봉선의 어떤 모습이 봉황을 닮았을까. 내가 보기에는 특정한 동물의 모습보다는 봉황의 전체적인 '분위기'를 강조한 것이 아닐까 하는 생각

흰물봉선(밤골계곡, 2020.9.16.)

봉선화(맹산환경생태학습원, 2021.6.20.)

이 든다. 물봉선을 들여다보면 보는 각도에 따라 정말 모습이 다양하다. 특정 모습을 콕 집어내기가 쉽지 않다. 색도 흰색, 자주색, 노란색 등 세 가지가 섞여 있어 오색의 봉황과 그 기품을 견줄 만하다.

도랑가
고마리

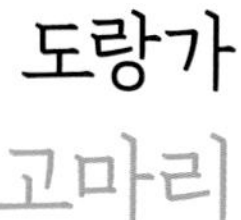

고마리는 물을 좋아한다. 그러나 버드나무처럼 물속으로 텀벙 뛰어드는 정도는 아니고 도랑이나 개울가에 자리 잡고 산다. 초가을 밤골계곡 산책로를 따라 흐르는 도랑가는 고마리 무리로 가득 찬다. 고마리는 키가 80센티미터까지 훤칠하게 자라는 마디풀과의 한해살이풀이다. 고만이, 고만잇대, 꼬마리 등으로도 불린다. 고마리는 꽃만 들여다보고 있으면 같은 마디풀과인 며느리밑씻개나 나도미꾸리가 연상된다. 그러나 조금 더 자세히 보면 이들을 구별하는 데 큰 어려움은 없다. 며느리밑씻개는 줄기에 거친 가시가 돋아 있고 나도미꾸리는 잎이 좁고 기다랗기 때문이다.

고마리는 꽃도 예쁘지만 뭐니 뭐니 해도 그 정체성은 독특한 잎 모양에 있다. 우리 선조들은 고마리 잎을 보고 화살촉, 창끝, 소 얼굴, 사슴 발굽 등을 떠올렸다. 그만큼 생김새가 독특한 식물이라는 뜻이다. 이러한 특성은 고마리라는 이름에 고스란히 함축되어 있다. 고마리의 기원에 대해서도 해석이 분분하다.

첫째, 잎 모양 기원설이다. 우리 선조들은 소 얼굴에 가면처럼 덧씌우던

↑ **고마리 무리**(밤골계곡, 2020.9.8.)
고마리는 물이 졸졸 흐르는 도랑가를 좋아한다.

← **고마리 잎**(밤골계곡, 2020.9.8.)
화살촉, 창끝, 소 얼굴, 사슴 발굽 등을 떠올리게 한다.

옷가지를 고만이라고 했는데, 이것이 고마리 잎 모양을 닮았다고 본다. 일본에서는 소의 얼굴을 닮았다는 뜻에서 우시노히타이(牛の額)라 쓴다. 고마리는 농촌에서 소먹이 풀로도 이용했다. 나의 어린 시절 강원도에서는 '돼지풀'이라 부른 것으로 기억하는데, 이는 '소풀'이 변형되었을 가능성이 높다. 물론 나의 뇌가 '가짜 기억'을 지어냈을 수도 있다. 어쨌든 지금 우리가 알고 있는 돼지풀은 전혀 다른 종이다. 중국에서는 고마리를 극협료(戟叶蓼), 녹제초(鹿蹄草)라고 한다. 이는 잎 모양이 각각 창 모양, 사슴 발굽 모양을 닮았다는 것을 강조하는 것이다.

둘째, 생태 환경 기원설이다. 고마리가 살기 좋아하는 장소인 물가를 강조한 개념이다. 이는 '고'와 '만이'가 합쳐진 고만이가 고마리의 기원이라고 보는 것이다. 물론 지금도 고만이로 불리기도 한다. 고는 고랑과 이어지는 물길, 만이는 '똘만이'에서 쓰인 것처럼 사람을 뜻한다. 이러한 관점은 고마리를 '고랑에서 흔하게 사는 생명체'로 해석한 것이다. 일본에서는 미조소바(溝蕎麥, 구교맥)라고 표현하는데 이는 '도랑이나 고랑에 사는 메밀'이라는 뜻이다.

셋째, 꽃 모양 기원설이다. 고마리를 작다는 의미의 고어 '고마'에서 비롯된 것으로 보는 관점이다. 이 고마가 변형된 것이 꼬마이긴 하다. 그 이름처럼 고마리 꽃은 정말 작다. 어지간한 노력으로는 접사 렌즈에 초점조차 맞추기가 쉽지 않다. 고마리는 머리모양꽃차례에서 7~10월경 분홍색 또는 흰색의 작은 꽃들이 모여 핀다. 고마리 꽃에서 꽃잎처럼 보이는 것은 실제로 꽃받침이다. 개인적으로 꽃이 활짝 피었을 때보다 꽃봉오리일 때가 더 예쁜 것 같다.

넷째, 구황식물 기원설이다. 고마리의 어린순은 먼 옛날 아주 어렵던 시절 배고픔을 견디게 해준 귀중한 구황식물이기도 했다. 이러한 뜻에서 고마운

1	2
3	

1 흰 고마리(분당천, 2021.10.7.)
2 분홍 고마리(밤골계곡, 2020.9.8.)
3 붉은 고마리(분당천, 2021.10.7.)

식물이라 했고, 이것이 고마리가 되었다는 설명이다. 그러나 이런 식물이 한두 가지가 아니었으니 굳이 이 고마리에만 고마워했다는 건 좀 설득력이 떨어지긴 한다. 고마리는 수질정화에 탁월한 능력이 있다. 화학적인 오염까지는 아니라도 소똥 같은 유기물질에 의한 부영양화를 억제하는 데 상당한 역할을 하는 것으로 알려져 있다. 그러니 복잡한 어원과는 관계없이 고마운 식물임에는 틀림없다.

물에 사는 쓴 푸성귀
큰물칭개나물

큰물칭개나물은 현삼과 개불알풀속의 해넘이한해살이풀이다. 물까치꽃, 큰물꼬리풀이라고도 한다. 해넘이한해살이는 가을에 싹이 나와 겨울을 나는 식물이라는 이야기다. 그런데 큰물칭개나물은 그냥 겨울을 나는 것이 아니다. 무려 영하 20도의 추위에도 끄떡없이 물속에 뿌리를 내리고 물 위에 줄기를 드러낸 채 겨울을 난다.

물칭개나물이라는 이름은 '물가에서 자라고 지칭개와 비슷한 나물'이라는 뜻에서 비롯되었다고 한다. 조선 후기 19세기 중엽의 실학자인 서유구의 《임원경제지》에도 그 조리법과 맛이 지칭개와 비슷한 것으로 기록하고 있다. 충청북도에서는 지칭개를 '물칭개'라고도 한다. 물칭개나물의 한자 이름은 수고매(水苦蕒)인데 이 역시 우리말로 옮기면 '물에 사는 쓴 푸성귀'다.

이름처럼 큰물칭개나물도 물을 좋아한다. 특히 부영양화가 진행된 도시나 농촌의 작은 냇가가 큰물칭개나물의 보금자리다. 그래서 환경전문가들은 이 들풀을 '겨울 하천 수질 정화식물'로 주목하고 있다. 큰물칭개나물은 물칭개나물보다 덩치가 크다는 뜻에서 붙인 이름이지만 둘은 서식 환경이 조금 다르다. 큰물칭개나물은 한랭한 곳, 물칭개나물은 온난한 곳을 선호한다. 그래서 남북으로 긴 우리나라의 경우 남부에서는 물칭개나물, 북부에서는 큰물칭개나물이 주로 관찰된다.

큰물칭개나물은 개불알풀속의 식물답게 꽃 모양이 개불알풀을 쏙 빼닮았다. 물칭개나물에는 흰색 꽃이, 조금 더 덩치가 큰 큰물칭개나물에는 자주색 꽃이 핀다. '큰'이라는 접두어가 붙었지만 워낙 꽃이 작아 하나하나는 존재감이 별로 없다. 그러나 무리 지어 꽃이 활짝 피어나면 그 풍경은 전혀 달라진다. 봄에서 여름으로 넘어가는 5월, 탄천과 분당천 등 그 지류 하천에서 가장 많이 보이는 들꽃 중 하나가 바로 큰물칭개나물이다. 추운 겨울을 무난히 넘긴 이 녀석은 봄기운이 돌면 키가 부쩍 자라고 가지들도 무성해진다. 그리고 잔가지마다 자주색 꽃들이 피어난다. 무리 지어 있을 때 더 예쁜 들꽃이 바로 큰물칭개나물이다.

큰물칭개나물 꽃(탄천, 2021.5.9.)

우리 조상들은 오래전부터 이른 봄이 되면 물칭개나물의 부드러운 잎과 줄기를 뜯어 나물로 먹었다. 물칭개나물의 특징 중 하나는 잎이 넓고 길쭉하며 잎 가장자리가 파도 모양으로 굽이친다는 것이다. 종소명

큰물칭개나물 무리(탄천, 2021.5.1.)

운둘라타(*undulata*)도 그런 의미의 라틴어다. 우리가 즐겨 먹는 상추잎과도 닮았다. 그런 의미에서 물칭개는 물상추라고 할 수 있다. 옛 문헌에 물부루라는 말도 등장한다. 부루는 상추의 제주, 충남 지역 방언이다. 지금이야 나물보다 꽃이지만 우리 선조들은 꽃보다는 나물이었다. 산이나 들에서 냉이나 씀바귀를, 냇가에서는 물칭개를 봄 밥상에 올렸다. 남쪽에서는 물칭개나물, 북쪽에서는 큰물칭개나물이었을 것이다. 식물은 자연을 따르고 사람은 그 식물에 의지해 향토 음식을 만들어냈다.

털개구리미나리와 개구리자리

털개구리미나리는 미나리아재비과의 여러해살이풀이다. 미나리아재비과의 꽃들은 유난히 반짝거린다. 마치 꽃잎에 들기름을 잔뜩 발라놓은 것 같은데 이는 이 식물에 있는 프로토아네모닌(protoanemonin)이라는 유독성 물질 때문이다.

미나리라는 이름이 있는 식물들은 모두 습한 땅을 좋아한다. 아예 물가에서 물속에 뿌리를 내리고 사는 녀석들도 많다. 미나리의 '미'는 미역과 미더덕처럼 물[水]이 변화한 말이고 '나리(백합白合)'는 풀이라는 뜻에서 유래한 것으로 본다. 그러니 미나리는 '물을 좋아하는 풀'의 대명사인 셈이다.

털개구리미나리의 '털'이라는 접두어는 개구리미나리에 비해 줄기에 털이 빽빽하다는 의미다. 털개구리미나리와 아주 비슷한 종으로 개구리미나리, 개구리자리, 젓가락나물 등이 있다. 연구자에 따라 젓가락나물을 털개구리미나리와 같은 종으로 취급하기도 한다. 그리고 털개구리미나리와 개구리미나리는 같은 식구이니, 결국 항상 비교되는 것은 털개구리미나리와 개구리자리다.

털개구리미나리와 개구리자리의 가장 큰 차이점은 꽃의 크기와 열매의

털개구리미나리(탄천, 2021.5.9.)
마치 들기름을 잔뜩 발라놓은 것처럼 꽃잎이 유난히 반짝거린다.

모양이다. 털개구리미나리의 꽃은 지름이 최대 1.5센티미터이지만 개구리자리는 딱 그 절반인 0.7센티미터에 그친다. 꽃 크기가 1센티미터가 안 되는 들꽃은 야외에서 앵글에 잘 들어오지 않아 정말 사진찍기가 어렵다. 어쨌든 이 둘의 공통점은 열매가 다른 식물에 비해 아주 독특하다는 점이다. 노란색 꽃 위에 녹색 씨방이 마치 도깨비방망이처럼 올라앉아 있다. 차이점이라면 털개구리미나리는 둥근 모양인 데 반해 개구리자리는 약간 길쭉한 타원형이다. 숲해설가 이승미는 아이들에게 개구리자리 열매를 보여주면 바로 '면봉'이라는 말이 입에서 튀어나온다고 했다. 사람은 무엇을 비교할 때 가장 익숙하고 가까이 있는 것과 대비하려는 습성이 있다.

개구리자리는 한해살이 또는 해넘이한해살이로, 이름은 '개구리가 있을 만한 곳'에서 사는 풀이라는 뜻이다. 개구리는 물이 없으면 못 살지만 그렇다고 청송 주산지의 왕버들처럼 늘 물속에서만 살아가는 것은 아니다. 개구리자리는 놋동이풀이라고도 한다. 놋동이는 우물가에서 물을 퍼 올릴 때 사용하는 '놋쇠로 만든 물동이'를 말한다. 당연히 그 자리는 물이 항상 질퍽할 테니 개구리자리처럼 물을 좋아하는 식물이 살기에는 안성맞춤일 것이다.

개구리자리(탄천, 2021.5.9.)

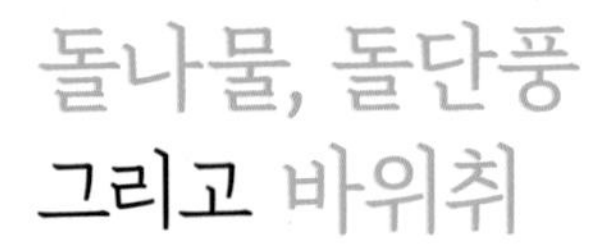

돌나물, 돌단풍 그리고 바위취

하필이면 돌이나 바위에 자리 잡고 살아가는 들꽃이 꽤 있다. 이름만으로도 이를 알아차릴 수 있는 돌나물, 돌단풍, 바위취가 바로 그들이다. 돌나물은 돌나물과의 여러해살이풀이다. 내가 어릴 적 강원도에서는 돈나물이라 했다. 돌 틈바구니에서 잘 자란다고 해서 돌나물이 되었다. 돌나물의 정체성 중 하나는 '기는줄기(땅덩굴줄기)'다. 종소명 사르멘토숨(*sarmentosum*)도 '기는 덩굴줄기'라는 뜻의 라틴어다.

돌나물의 줄기는 지표 가까이에서 땅 위 또는 땅속으로 기어가듯 뻗어가며 자란다. 그러다가 여건이 맞으면 바로 그 자리에서 새로운 뿌리를 내린다. 돌나물이 대체로 무리 지어 살아가는 이유다. 이렇다 보니 돌나물은 꽃은 피우지만 열매를 맺어 씨앗을 퍼뜨리는 데는 별로 신경을 쓰지 않는다.

돌단풍은 범의귀과의 여러해살이풀이다. 잎이 단풍잎처럼 생겼고 개울가 양지바른 바위틈에서 잘 자란다고 해서 돌단풍이라는 이름을 얻었다. 경남 지역에 대규모 자생지가 발견되었지만, 일반적으로 정원이나 화분에 화초로 심는 것들은 대부분 중국에서 들어온 원예종이다. 돌나리, 부처손 등으로

돌나물(맹산환경생태학습원, 2021.5.30.)
돌 틈바구니에서 잘 자란다고 해서 돌나물이다.

도 불린다. 4월 중순경 흰색의 작은 꽃들이 취산꽃차례로 모여 피는데 꽃 한 가운데 붉은색 수술들이 자리하고 있어 사실 순백색은 아니다. 이 모습을 두고 〈데이터뉴스〉 조용경 객원기자는 '보석이 알알이 박힌 브로치', 〈의약뉴스〉 이순 기자는 '연한 붉은색을 띤 흰색'이라고 표현했다. 역시 기자들의 눈은 남다르다.

바위취도 역시 범의귀과의 늘푸른 여러해살이 들꽃이다. 반그늘이 진 습한 땅을 좋아한다. 바위틈에서 자란다고 해서 바위취라는 이름을 얻었다.

돌단풍(성남시청공원, 2021.4.25.)
붉은색 수술들이 마치 브로치 한가운데 알 보석을 박아놓은 것처럼 보인다.

5~7월에 흰색 꽃이 피는데 눈에 띄는 특징은 꽃잎 5장 중 위의 3장은 작고 아래 2장은 비교가 되지 않을 정도로 길쭉하다. 큰 대(大)자 모양이라고도 하는데 내 눈에는 토끼 귀처럼 보인다. 바위취 꽃을 보통 흰색이라고 하지만 자세히 보면 두 가지 색이다. 위쪽 꽃잎은 붉은색이 감돌고 아래쪽 꽃잎은 순백색이다. 토끼 귀 모양의 큰 꽃잎이 흰색이라 전체적으로 흰색처럼 보일 뿐이다. 꽃 모양이 정말 독특해서 한번 딱 보면 평생 잊히지 않을 들꽃이다.

그런데 돌나물, 돌단풍, 바위취가 반드시 돌이나 바위 지대를 고집하는 것 같지는 않다. 자의 반 타의 반일 것이다. 그러나 이 세 녀석은 여러모로 돌이나 바위와 가장 잘 어울리고 그 풍경이 자연스러운 것만은 틀림없다.

바위취(중앙공원, 2021.5.11.)
아래쪽 꽃잎 2장이 토끼 귀를 쏙 빼닮았다.

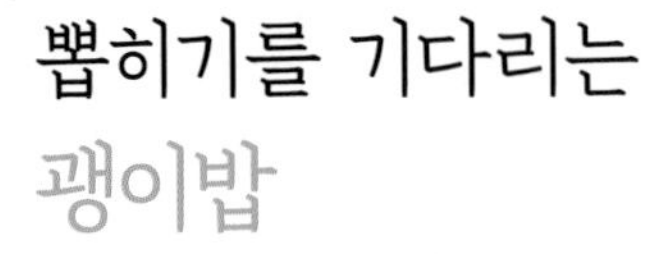

뽑히기를 기다리는 괭이밥

괭이밥은 배탈 난 고양이가 먹는다고 해서 붙인 이름이다. 살짝 씹어보면 시큼한 맛이 나는데 이는 수산(蓚酸, oxalic acid) 성분이 들어 있기 때문이다. 이 시큼한 성분이 고양이의 배탈을 치료했을 것이란다. 고양이만 먹었던 건 아니다. 어린 시절 나도 심심하면 몇 잎 따서 잘근잘근 씹곤 했다. 새콤한 맛이 꽤 괜찮았다. 이 괭이밥의 또 다른 이름이 달리 시금초였겠는가.

괭이밥은 소꿉놀이 재료로도 거의 빠지지 않았고, 손톱에 봉숭아 물을 들일 때 필수 첨가제로 쓰였다. 원래 봉숭아 물이 잘 들도록 하기 위해 백반을 넣었지만 백반이 없을 때 그 대용으로 괭이밥을 썼다. 부엌에서 놋그릇 닦는 데 쓰이기도 했다는데 내 경우 그런 기억은 없다. 우리 집에선 주로 잿물을 만들어 그릇을 닦았고 가끔은 시장에서 양잿물을 사다 썼다.

괭이밥 잎은 잎 세 장이 완벽한 하트 모양으로 모여 핀다. 전체 모양이 얼핏 보면 토끼풀과 비슷하다. 4월부터 10월까지 6~12밀리미터 크기의 자그마한 노란색 꽃이 피는데 이 꽃만 아니라면 영락없는 토끼풀이다. 괭이밥 버전의 네 잎 하트를 찾아보는 것도 꽤 재미있을 것 같다. 괭이밥은 촛대처럼 생긴

괭이밥(탑골공원, 2020.6.18.)

열매가 인상적이다. 어찌 보면 수백분의 1로 줄여놓은 로켓 같기도 하다. 그런데 이 열매는 그냥 열매가 아니라 튀는 열매, 즉 삭과(蒴果)다. 열매가 익으면 껍질이 쪼개지면서 마치 스프링이 작동하듯 씨방 속에 숨어 있던 수백 개의 씨앗이 사방으로 튕겨 나간다. 이런 면에서 보면 촛대보다는 총알이나 로켓이 더 어울릴 듯하다.

괭이밥의 씨앗이 튕겨 나가는 것은 독특한 생태 구조 덕분이다. 괭이밥의 씨앗 꼬투리 안에는 작은 씨앗이 가득 들어 있는데 각각 로켓과 같은 발사 장치가 달려 있다. 괭이밥 씨앗은 흰 투명막, 곧 흰 주머니에 하나씩 둘러

싸여 있는데 바로 이 흰 주머니가 씨앗을 총알처럼 쏘아내는 추진력을 발휘한다. 그 원리는 이렇다. 이 흰 주머니의 구조를 보면 바깥 껍질은 더디게 자라는 반면, 안쪽 껍질은 반복적인 세포분열로 씨앗의 생장에 맞춰 계속 자란다. 안과 밖의 세포가 서로 다르게 자라는 까닭에 안쪽 껍질 세포는 줄어들고 압축된다. 이 압축력이 정점에 달하면 드디어 안쪽 세포가 터지고 이어 바깥 껍질이 갈라지면서 꼬투리가 순식간에 폭발적으로 휙 하고 뒤집어진다. 이 폭발력은 씨앗을 바깥쪽으로 최대 1미터까지 날려 보낸다. 묘기에 가까운 이 기술은 이른바 항공모함 위에서 전투기를 튕겨내듯 쏘아 올리는 사출 장치 '캐터펄트(catapult)'를 쏙 빼닮았다.

식물은 아무리 밟히고 베여도 뿌리만 남아 있으면 살 수 있다. 뿌리째 뽑힌 식물은 되살아날 수 없다. 그런데 놀랍게도 풀이 뽑힌 장소에서 강점을 발휘하는 잡초가 있다. 누구나 한 번쯤 말끔하게 풀을 뽑았는데 금세 다시 무성하게 풀이 자라는 것을 경험했을 것이다. 이는 뽑히는 행위를 식물이 오히려 자신의 증식에 이용하기 때문이다. 사람보다 한 수 위다. 그 비밀은 흙에 있다. 뿌리째 뽑힐 것

괭이밥 꽃과 열매(탑골공원, 2020.6.10.)
로켓 모양의 열매가 당장이라도 하늘로 솟구칠 것 같다.

에 대비해 식물들은 땅속에 씨앗 은행을 준비해둔다. 땅 밑에는 엄청난 수의 씨앗이 저장되어 있다. 영국 밀밭의 경우 1제곱미터당 7만 5천 개의 씨앗이 들어 있다는 조사도 있다.

식물의 씨앗이 싹을 틔우려면 공기와 물, 온도 등 세 가지 조건이 필요하다. 그러나 이 조건이 맞아떨어져 싹을 내밀어도 시기가 맞지 않으면 그 싹은 살아남지 못한다. 잡초의 생존에 필요한 네 번째 조건은 적당한 '기회'를 잡는 것이다. 그러면 그 기회는 언제 찾아올까. 씨앗이 싹을 틔우는 데는 여러 요인이 필요하지만 '빛이 깊숙이 들어가는 것'이 가장 중요하다. 아이러니하게도 땅속의 씨앗에 빛을 선사하는 것은 바로 사람이 풀을 쑥 뽑아버리는 그 순간이다.

풀이 뿌리째 뽑히면서 뒤집힌 흙 사이로 빛이 스며드는 순간 씨앗들은 일

괭이밥(탄천, 2021.5.9.)

제히 싹을 내민다. 그리고 엄청나게 빠른 속도로 자라기 시작한다. 이렇게 속도전을 펼치는 것은 변덕스러운 인간이 또 언제 풀을 뽑을지 알 수 없기 때문이다. 그러니 인간이 다시 풀을 뽑으러 올 때까지 최대한 빨리 성장해서 다시 종자를 땅속에 남겨야 한다. 풀을 꽤 깨끗이 뽑았다고 생각했는데 바로 더 무성하게 풀이 자라는 이유가 여기에 있다. 인간의 풀 뽑는 행위는 잡초에게는 또 다른 생명체를 키우는 절호의 기회가 되는 것이다. 위기는 곧 기회가 된다는 말은 괭이밥을 두고 하는 말 같다.

괭이밥이나 황새냉이는 또 다른 목적으로 '뿌리 뽑히기'를 기다리기도 한다. 이들은 뿌리가 뽑힐 때의 자극으로 씨앗이 튕겨 나간다. 씨앗에는 끈적끈적한 물질이 있어 풀을 뽑는 사람의 신발이나 옷에 들러붙는다. 또 다른 씨앗 여행의 시작이다.

밟히거나 베이거나,
질경이와 잔디

동물이나 사람에게 밟히기를 주저하지 않는 식물도 있다. 바로 질경이다. 질경이는 일부러 사람이 밟아주기를 바라는 듯한 장소에 자리 잡고 살아간다. 물론 이는 질경이 나름대로 선택한 최선의 생존 전략이다. 생명체는 외부로부터 스트레스와 물리적 파괴 두 가지를 늘 경험하며 살아간다. 스트레스는 온몸으로 받는 것이고, 물리적 파괴는 일부만 손상을 입는 것이다. 당연히 생명체에게 스트레스는 물리적 파괴보다 훨씬 더 큰 피해를 준다.

질경이도 이 사실을 안다. 그래서 스트레스를 피하고 물리적 파괴를 선택했다. 질경이의 스트레스는 이웃 식물체와의 무한한 경쟁이다. 그러니 이런 경쟁을 피하려면 다른 식물체들이 꺼려 하는 장소를 선택하는 수밖에 없다. 바로 사람이나 자동차가 다니는 도로변이다. 그러나 질경이가 아무리 밟히는 것을 좋아한다 해도 사람들의 왕래가 지나치게 많아 너무 자주 밟히거나 자동차가 쌩쌩 내달리는 도로에서는 살지 못한다. 밟혀도 적당히 밟히는 장소라야 한다.

질경이라는 이름은 길경이가 변한 말로 이는 '길가에 사는 식물'이라는 의미의 한자명 '차전초(車前草)'에서 기인한다. 질경이의 특징이 질긴 것이기는 하지만 이름은 질기다는 의미가 아니다. 19세기 초만 해도 지방에서는 길경이, 서울에서는 질경이라 불렀는데 서울의 질경이가 표준어가 된 것이다.

질경이를 사람이 밟거나 자동차 바퀴가 지나가면 당연히 질경이 몸은 손상을 입는다. 그래서 질경이는 그 피해를 최소한으로 줄이기 위해 미리 '단단한 몸'을 만들어 두었다. 질경이 잎은 얼핏 보면 매우 부드러운 느낌이 들지만 잎을 살짝 잘라보면 그 속으로 질기고 단단한 잎맥 다발이 지나간다. 반대로 줄기는 겉이 질기고 속은 부드러워 잘 휘어지지만 부러지지는 않는다.

질경이는 사람이나 자동차가 지나다니는 '위험한 장소'에 자리 잡으면서

질경이(밤골계곡, 2021.5.25.)

나름 독특한 생존 전략을 세웠다. 씨앗에 젤리 상태의 끈적이는 물질을 품고 있는 전략이다. 씨앗이 물에 젖으면 부풀어 오르면서 신발 바닥이나 차바퀴에 착 달라붙게 고안한 것이다. 《식물학 수업》의 저자 이나가키 히데히로는 이러한 성질을 아기의 '종이 기저귀'와 같다고 표현한다. 아니, 종이 기저귀가 이 질경이 씨앗에서 아이디어를 얻었는지도 모른다.

질경이(밤골계곡, 2021.5.25.)
질경이는 밟히기를 주저하지 않는다.

질경이 씨앗의 이러한 성질은 원래 건조한 기후 등에서 씨앗을 보호하기 위해 만든 장치로 알려져 있다. 그런데 이 점착 물질이 질경이의 씨앗을 널리 퍼뜨리는 데 효율적으로 사용된다. 질경이의 학명 프란타고(*Plantago*)도 '발바닥으로 옮긴다'는 뜻의 라틴어다. 그러나 질경이에도 단점은 있다. 밟히는 것쯤은 아무렇지도 않지만 베이는 것에 대해서는 속수무책이다. 일종의 아킬레스건이다. 어릴 적 손으로 잘 뜯어지지 않는 질경이는 잘 드는 칼로 싹둑 잘라서 가져왔다. 질경이 입장에서 보면 무자비하게 아킬레스건을 건드린 셈이다. 질경이의 생태적 속성을 알고 나니 새삼 미안한 생각도 든다.

그러나 질경이와는 반대로, 베이는 것에 강한 식물이 있다. 바로 벼과 식물이다. 보통 식물 성장점은 줄기 끝에 있어서 새로운 세포를 생성하며 위로 뻗는다. 그러니 초식동물에게 줄기 끝을 먹히면 성장점(생장점)을 잃게 되어 타격이 크다. 그래서 벼과 식물은 성장점을 낮추는 방향으로 진화했다. 물론 벼과 식물도 성장점이 줄기 끝에 있지만 줄기가 거의 뻗지 않고 줄기 끝이 지면에 맞닿아 있는 형태다. 대신 잎을 높이 위로 뻗어 햇빛을 받는다. 초식동물의 습격을 받아도 잎만 잘려 나갈 뿐이다. 성장점만 무사하면 다시 잎을 계속 올릴 수 있다.

골프장의 잔디가 아무리 깎여 나가도 여전히 잘 자라는 것은 이 때문이

벼 이삭(맹산환경생태학습원, 2020.8.26.)
벼과 식물은 성장점이 아래쪽에 있다.

잔디 꽃(포은정몽주선생묘역, 2021.6.1.)
잔디는 깎아줄수록 잘 자란다.

다. 아니, 오히려 잔디는 깎아주지 않으면 위로 자라나는 잎들이 햇빛을 차단하기 때문에 성장이 둔화된다. 더욱 흥미로운 점은 골프장의 풀들이 장소에 따라 성장점이 다양하다는 것이다. 골프장 잔디는 크게 러프, 페어웨이, 그린 등으로 구분되고 잔디 길이도 각각 다르다. 러프가 가장 길고 다음이 페어웨이, 가장 짧은 곳이 그린이다. 이 잔디들의 성장점도 그들이 베이는 풀의 길이에 맞춰 높이를 조절하고 있다. 신비로운 자연의 세계는 그 깊이를 헤아리기 어렵다.

골프장의 수크령

수크령은 벼과 수크령속의 여러해살이풀이다. 수크령은 이삭을 둘러싼 긴 털이 특징인데 털 색깔이 연한 것을 청수크령, 붉은빛이 도는 것을 붉은수크령이라 해서 구분하기도 한다. 수크령의 이미지는 한마디로 표현하면 무척이나 억세다는 것이다. 뿌리도, 줄기도, 잎도, 열매도 하나같이 억세다. 수크령이라는 이름도 암크령에 해당하는 '그령'보다 더 크고 강인하고 억센 것을 강조하여 '수컷'을 붙인 것이다. 일본명 치카라시바(力芝)는 '힘센 풀'이라는 의미다. 수크령의 기원인 그령은 질긴 풀의 대명사다.

수크령(탄천, 2020.9.21.)
이삭이 긴 털들로 둘러싸여 있다.

그령이란 말은 '그러매다'라는 뜻에서 나왔다. 어릴 적 숲속에서 뛰어놀 때면 이 그령의 질긴 성질을 이용해 좀 심한 장난을 쳤다. 이 풀을 양쪽에서 잡아당겨 슬쩍 매어 놓으면 뒤따라오던 녀석들의 발이 걸려 고꾸라지곤 했다. 물론 그령이란 이름을 알 리가 없던 시절의 이야기다. 수크령의 생존방식은 이름만큼이나 억척스럽다. 짧으면서도 강인한 땅속 뿌리줄기들이 조밀하고 탄탄하게 뭉쳐 하나의 큰 덩이뿌리를 만들고 여기에서 다시 억센 뿌리가 사방으로 퍼져 나간다. 강한 뿌리줄기가 흙을 단단히 움켜쥐고 있기 때문에 연약한 지반이 안정되고 봄과 여름철에 산사태를 막는 데도 적지 않게 기여한다.

수크령에서 가장 눈에 확 띄는 것은 뭐니 뭐니 해도 기다란 솔 모양의 꽃이삭이다. 마치 강아지풀을 크게 확대해 놓은 것과 같은데 강아지풀과는 달

수크령(탄천, 2020.9.21.)
긴 솔 모양의 꽃이삭이 마치 강아지풀을 크게 확대해 놓은 것과 같다.

리 이삭이 고개를 숙이지 않고 꼿꼿하게 서 있어 훨씬 강인하게 보인다. 수크령 꽃이삭은 억세면서도 수수한 아름다움이 있다. 그래서 이 꽃이삭은 생것이든 마른 것이든 꽃꽂이 재료로 인기가 많다. 단, 뿌리 못지않게 줄기나 잎도 억세기에 손으로 꺾다가는 자칫 손을 다칠 수 있어 조심해야 한다. 아니, 아예 시도하지 않는 것이 좋다.

수크령의 옛 이름은 길갱이, 머리새, 구미근초(狗尾根草)이고, 한자명은 낭미초(狼尾草)다. 이 이름들은 수크령의 생태 특성을 잘 반영하고 있다. 길갱이는 '길가에 사는 힘세고 질긴 식물'이라는 뜻이고, 머리새는 '억새의 한 종류'

수크령(탄천, 2020.9.18)
수크령은 줄기와 잎 그리고 뿌리가 억세고 질기고 강인하다.

를 의미한다. 구미근초, 낭미초는 수크령의 꽃이삭 모양이 개 꼬리나 이리 꼬리 같다고 해서 부르게 된 이름이다. 수크령의 속명 페니세툼(*Pennisetum*)도 가시털(자모刺毛, seta)과 꼬리털(우모羽毛, penna)을 합친 말이다. 수크령 꽃이삭을 자세히 들여다보면 왜 이런 학명을 붙였는지 바로 알아차릴 수 있다.

수크령의 식물학적 특성을 잘 활용하는 곳 중 하나가 골프장이다. 골프장은 18개 홀로 구성되어 있고 각 홀은 저마다 특징적인 티잉그라운드, 페어웨이, 러프, 그린 등 몇몇 공간으로 나뉘어 있다. 이들의 조합에 따라 골프 코스의 개성과 난이도 그리고 풍광이 결정된다. 이 요소들 중 수크령을 적절히 활용하는 곳이 바로 러프다. 러프는 골퍼가 실수했을 때 그에 대한 벌칙이 주어지는 공간이다. 그래서 한번 러프 구역으로 들어간 공은 쉽게 빼낼 수 없게 이곳 풀들은 억세고 질겨야 한다. 반면 러프에 빠지지 않은 골퍼에겐 러프 자체가 상대적으로 멋진 골프장의 풍경 요소가 되어야 함은 물론이다. 수크령이 여기에 딱 어울린다.

산국에 산국이 피다

국화의 일종인 산국은 한반도에서 태어나 한반도에서 쭉 살아온 우리의 토종 식물이다. 산국의 분포 지역을 보면 한반도가 중심지로 되어 있고 주변 만주 지역과 일본의 일부 지역에도 분포한다. 한반도에는 외국에서 들어온 식물도 많지만 산국처럼 한반도에서 주변으로 퍼져 나간 식물도 있다.

국화의 옛 이름은 황화(黃花)다. 노란 꽃이 핀다는 뜻이다. 속명 크리산테뭄(*Chrysanthemum*)은 그리스어에서 황금(chrysos)과 꽃(anthemon)을 합친 말이니 국화의 정체성은 '노란색 꽃'인 셈이다. 그러면 지금의 국화(菊花)는 어떤 의미일까. 국(菊)이라는 한자는 작은 꽃들이 모여 있는 '머리모양꽃차례'를 형상화한 글자다. 그러니 국화는 단순히 노란색 꽃이 아니라 '노란색 꽃의 머리모양꽃차례'라는 복합적인 뜻을 가진 식물이다.

산국은 이름 그대로 산에서 피는 국화라는 의미인데 여기에서 산은 지형학적인 산(山)을 의미하지는 않는다. 실제로 산은 물론이고 들이나 바닷가에서도 잘 자라기 때문이다. 우리 동네 탄천 변을 따라 산책을 하면서도 화사하게 피어 있는 이 산국을 곳곳에서 얼마든지 볼 수 있다. 산도 높은 산이 아니라 야트막한 산기슭이나 경작지 주변이다. 그러니 산국은 그냥 야생 국화다. 아직은 오염되지 않은 환경을 고집하니 야생이라는 말이 더 잘 어울린다.

그러면 왜 야국(野菊)이 아니라 굳이 산국일까? 우리나라는 지형학적으로 보면 산악국가다. 초등학교 시절부터 지리 시간에 가장 많이 들던 말은 '한반도 지형의 70퍼센트 이상이 산'이라는 것이었다. 이는 국민의 70퍼센트 이상이 태어나자마자 늘 산을 보고 자랐다는 말도 된다. 심지어 우리 동네 분당은 물론 전국의 대도시도 대부분 산으로 둘러싸여 있다. 그러니 한국인에게 산은 곧 자연이고 야생이다. 우리의 지명에 가장 많이 들어간 단어도 바로 산이다. 야생 돼지도 들돼지가 아니라 멧돼지라 하지 않는가. 가을이 깊어가면 산국(山國)에 산국(山菊)이 흐드러진다.

산국과 아주 비슷한 꽃으로 감국이 있다. 감국은 산국보다 상대적으로 꽃이 크고 약간 엉성하게 흩어져 피는 모양으로 구별된다. 산국과 감국을 가장 쉽게 구별할 수 있는 기준은 꽃의 크기다. 산국의 꽃 지름이 1.5센티미터, 감국이 2.5센티미터 정도인데, 현장에서 자를 들고 있지 않는 이상 센티미터라는 단위는 의미가 없으니 손톱만 하면 산국, 손가락 한 마디 정도면 감국으로 보면 얼추 맞는다. 일반적으로 유사한 종인 경우 염색체 수가 많을수록 꽃의 크기도 크다고 하는데 실제로 감국은 산국보다 염색체 수가 두 배 정도다. 지리적으로도 구별된다. 산국은 중부지방을 중심으로 전국에서 볼 수 있지만 감국은 주로 남부지방이나 바닷가에서 관찰되기 때문이다. 그러나 한반도가 계속 온난화되고 있고 식물의 적응력도 상당해서 둘을 판단하는 방법으로는 그리 권장할 것이 못 된다.

한반도 지형은 크게 보면 산 아니면 바다다. 그러니 산국이 있으면 해국

↑ 하천 변에 핀 산국(탄천
2021.11.3.)

← 산속에 핀 산국(포은정
몽주선생묘역, 2020.10.

공원 화단에 핀 해국(성남시청공원, 2021.10.9.)

(海菊)이 있기 마련이다. 해국은 국화과의 여러해살이풀이다. 이름 그대로 바닷가에 사는 국화라는 뜻이다. 야생의 것은 중부 이남의 바닷가 바위 지대나 풀밭에서 관찰되지만 보통 내륙의 공원 꽃밭에서 조경용으로 많이 키운다. 잎과 줄기가 털로 덮여 있는 것이 특징이다. 지리적으로는 전 세계에서 우리나라와 일본에서만 자생하는 것으로 알려졌다.

무덤가 할미꽃

세상의 들꽃 가운데 어느 곳에서든 씩씩하게 잘 사는 녀석들이 있는가 하면, 특정 장소만 고집하는 녀석들도 있다. 할미꽃이 그렇다. 할미꽃은 잘 알려져 있듯이 무덤을 좋아한다. 그것도 봉긋하게 솟아 있는 봉분이 있는 무덤이다. 봉분은 흙과 잔디라고 하는 100퍼센트 자연 소재로 만든 인공물이다. 식물학에서는 이러한 장소를 2차 초원이라고 한다. 봉분이 있는 환경은 건조하면서 햇볕이 잘 드는 곳이다. 할미꽃이 딱 좋아하는 장소다. 전통적인 장묘문화의 특성상 한반도는 온통 무덤 천지다. 그만큼이나 할미꽃도 흔하고 풍성하다. 물론 해양성 기후인 제주도나 울릉도 등은 예외다.

할미꽃의 특징 중 하나는 개화기에는 고개를 푹 숙이고 있다가 결실기에 고개를 곧추세운다는 점이다. 어쨌든 고개 숙인 꽃은 할미꽃의 정체성이다. 물론 동강할미꽃은 개화기에도 고개를 숙이지 않는다. 그것이 또 동강할미꽃의 특징이다. 그러면 보통의 할미꽃은 왜 고개를 숙이는 습성을 갖게 되었을까. 식물학자들은 이는 할미꽃의 꽃가루가 물기에 약하기 때문에 꽃가루를 물기에서 보호하기 위한 전략으로 본다. 할미꽃이 근본적으로 건조한 환경을 좋

동강할미꽃(강원도 정선군 신동읍 운치리, 2023.3.30.)

아하는 이유가 여기에 있다. 그렇다면 궁금해진다. 동강할미꽃은 꽃가루가 물기에 강하다는 것일까? 그럴지도 모른다. 강 절벽 틈에 자리를 잡다 보니 생태적 습성도 여기에 맞춰 변했을 수 있다.

그런데 동강할미꽃과 습성이 같은 할미꽃이 또 발견되었다. 강원도 삼척 환선굴 근처에 살고 있는 환선할미꽃이다. 환선할미꽃은 이후 삼척의 다른 지역에서도 연이어 발견되었다. 결국 동강할미꽃이나 환선할미꽃은 강이나 절벽이라는 환경보다 어쩌면 석회암이라는 특정 암석에 더 매력을 느끼는 녀석일지도 모르겠다. 우리나라에서 석회암이 분포하는 곳은 강원 남부의 영월, 삼척, 정선 그리고 충북 북부의 단양 일대다.

그런데 할미꽃에 비상이 걸렸다. 고유 장묘문화가 매장에서 화장장으로 바뀌면서 흙과 잔디로 덮인 봉분들이 시멘트나 돌로 대체되거나 아예 사라지

↑ 종 모양의 할미꽃
(포은정몽주선생묘역, 2021.4.23.)

← 할머니 머리 모양의 할미꽃 홑씨
(포은정몽주선생묘역, 2021.5.20.)

늦가을의 공원 할미꽃(율동공원, 2021.11.5.)
가끔은 이렇게 시간과 공간을 초월한 들꽃이 우리를 즐겁게 해준다.

고 있기 때문이다. 어쩌면 머지않은 장래에 한반도에서 그 흔한 할미꽃을 찾아보기 어려울 수도 있겠다. 한국 고유종으로 보호받고 있는 동강할미꽃처럼 말이다.

할미꽃은 그 열매 뭉치가 할머니의 하얀 머리카락을 닮았다고 해서 붙인 이름이다. 일본의 옹초(翁草), 중국의 백두옹(白頭翁)도 마찬가지다. 그런데 할미꽃의 학명 풀사틸라(*Pulsatilla*)는 '종(bell)을 친다'는 의미다. 하긴 할미꽃이 종처럼 생기긴 했다. 같은 할미꽃이라도 서양인에게는 꽃이, 동양인에게는 열매가 먼저 눈에 들어왔던 모양이다. 시간적 개념으로 보면 꽃 피는 시기에는 종 모양이지만 열매 맺는 시기에는 할미 머리 모양이다. 그러고 보면 할미꽃을 바라보고 느끼는 동서양의 차이는 결국 시점(時點)의 차이인 셈이다.

바닷가 모감주

식물은 제 씨앗을 퍼뜨릴 때 주변의 자연환경을 적극적으로 활용한다. 모감주나무는 그중 물을 선택했다. 물가에 살면서 물에 씨앗을 떨어뜨려 씨앗을 이곳저곳으로 실어 보낸다. 이른바 '수매 산포' 전략이다. 모감주나무 열매는 물 중에서도 주로 해류에 의해 전파되는 것으로 알려져 있다. 그래서인지 국내에서는 서남해의 도서 해안가, 강원도 바닷가 하천 변 등지에서 자연적인 군락지가 발견된다. 물론 우리 동네 탄천이나 야탑천 변 산책로 구간에도 꽤 여러 그루의 모감주나무가 자란다. 이 녀석들이 떨어뜨린 염주 열매는 탄천의 물을 따라 떠내려가다가 서울 한강 하류나 인천 강화도 해안가 어디쯤에 정착해 또 새싹을 틔울 것이다.

모감주나무는 무환자나무과 모감주나무속의 갈잎큰키나무다. 갈잎큰키나무는 '가을에 낙엽이 지는 키가 8미터 이상 자라는 나무'를 말한다. 낙엽교목 또는 낙엽고목이라고도 한다. 키는 15미터 정도까지 자란다. 가을에 달리는 열매는 염주를 만드는 데 쓰이기 때문에 보통 염주나무라고도 부른다. 독특하게 잎이 큰 나뭇잎 아래쪽으로 아주 작은 장식 나뭇잎이 달려 있어 꽃이

모감주나무(야탑천, 2021.6.24.)

없어도 비교적 쉽게 판별할 수 있다.

모감주나무는 대표적인 여름 꽃나무다. 7월에 가지 끝에서 노란색의 자잘한 꽃이 원뿔형으로 모여 핀다. 꽃차례 유형으로는 원추꽃차례에 해당한다. 고깔꽃차례, 원추화서(圓錐花序)라고도 한다. 이는 꽃차례가 가지를 치고 각 가지마다 꽃자루가 있는 꽃이 달리는 것이다. 그러나 엄밀히 말하면 원추꽃차례는 어떤 특정 형식의 꽃차례라기보다 여러 유형 중 특정한 꽃차례(총상꽃차례, 수상꽃차례, 산형꽃차례 등)가 모여 원뿔 모양을 이루고 있는 것을 가리킨다. 즉 복합꽃차례인 셈이다.

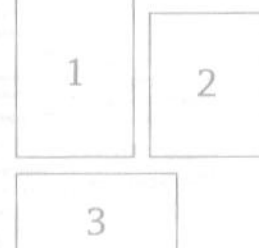

1 모감주나무 꽃(탄천, 2020.7.1.)
2 여름 모감주나무 열매(야탑천, 2021.6.28.)
3 가을 모감주나무 열매(탄천, 2020.11.23.)

본격적인 여름철에 들어서면 탄천이나 야탑천 변 모감주나무들이 황금색으로 물들기 시작한다. 꽃 무리만 보면 영락없는 '4월 개나리' 풍경인데 10월이면 꽈리 모양의 열매를 맺는다. 꽈리 속에는 새까만 열매가 3개 있다. 열매가 반질반질 윤이 나는 데다 시간이 지날수록 더 단단해지니 염주 재료로 이만한 것도 찾기 어렵다. 나무 이름 모감(耗減) 역시 '닳아서 작아진다'는 뜻이니 염주 열매와 관련이 있을 것으로 본다. 모감주는 한자명 무환자(無患子)의 고어 '모관쥬'가 변화한 것으로 본다. 이는 무환자처럼 그 씨앗으로 염주를 만들어 썼기 때문에 일어난 일이다. 모관쥬에서 '쥬'는 한자에서 염주의 뜻을 가진 주(珠)와 닿아 있다.

양지꽃과 딸기 가족

봄이 되면 그 누구보다 먼저 노란색 꽃을 피워내 봄이 왔음을 온 세상에 알리는 대표 들꽃 중 하나가 바로 양지꽃이다. 양지쪽에서 잘 자란다고 해서 이런 이름으로 불리지만, 양지를 싫어하는 식물들이 거의 없음을 고려하면 이 녀석이 이름 하나는 제대로 선점한 셈이다.

양지꽃은 장미과 양지꽃속의 여러해살이 들풀이다. 양지꽃은 생김새만 얼핏 보면 같은 장미과인 뱀딸기와 헷갈린다. 솔직히 지금까지 나는 양지꽃이라는 들풀이 있는지조차 몰랐다. 그러던 중 한 블로그 이웃이 어느 봄날 아침 올려놓은 포스트 글에서 이 양지꽃을 발견했다. 내 눈에는 분명 뱀딸기인데 양지꽃이라고 되어 있어 관심 있게 본 것이다. 그 이후로 산책길에서 노란색 꽃을 발견하면 일단 양지꽃을 의심해보기로 마음먹었다.

바로 그날 오후 운 좋게도 양지꽃을 만났다. 제비꽃을 한창 눈에 담고 있던 참인데 우연히 내가 딛고 있던 발 아래쪽으로 노란색 꽃 몇 송이가 눈에 들어왔다. 바짝 말라붙은 도랑 옆, 가시덤불로 우거진 양지바른 곳이다. 양지꽃을 머릿속에 넣어두고 있던 참이라 얼른 어지러운 덤불을 대충 치우고 쪼그려 앉았다. 영락없이 생긴 모양이 뱀딸기였지만 양지꽃을 '예습'하고 온 터라 한참을 요리조리 살펴보았다. 문외한인 내 눈에도 뱀딸기보다는 양지꽃에 가까웠다.

집에 돌아와 자료를 확인해보았더니 양지꽃이 맞다. 사실 양지꽃과 뱀딸기는 너무 비슷해서 헷갈리기 쉽다. 이 둘을 구별하는 가장 두드러진 특징은 꽃과 줄기 그리고 잎의 구조적 특징이다.

꽃잎과 꽃받침 : 뱀딸기는 꽃잎과 꽃받침의 길이가 같거나 오히려 꽃받침이 길어 꽃잎 바깥쪽으로 삐져나오는 듯한 느낌이다. 이에 비해 양지꽃은 꽃받침보다 꽃잎이 길어 꽃받침이 꽃잎 뒤에 숨어 있는 듯한 모양새다.

꽃대와 꽃차례 : 뱀딸기는 잎겨드랑이에서 꽃대가 하나 나와 개별적으로 꽃을 피운다. 반면 양지꽃은 여러 개의 꽃다발이 뭉쳐 모인 꽃차례에서 다시 흩어진 꽃차례로 핀다. 말하자면 집산(集散)꽃차례다.

꽃피는 시기 : 뱀딸기는 봄에 잠깐 꽃이 피고 열매를 맺는다. 그러나 양지꽃은 한여름까지도 계속 꽃을 피운다.

줄기 : 뱀딸기는 뱀처럼 땅에 바짝 붙어 기는 듯한 모양으로 줄기가 뻗어 있지만 양지꽃의 줄기는 비스듬하게 서는 듯한 모양이다.

잎 : 뱀딸기는 줄기 끝에 잎이 3장 달려 있는 데 반해 양지꽃은 줄기 끝에 큰 잎이 3장 그리고 그 아래쪽으로도 작은 잎 2장이 쌍을 이루고 있다.

← **양지꽃**(포은정몽주선생묘역, 2021.3.14.)
꽃받침보다 꽃잎이 길어 꽃받침이 꽃잎 뒤에 숨어 있는 듯한 모양새다.

↓ **양지꽃**(밤골계곡, 2023.4.22.)
줄기 끝에 큰 잎이 3장 그리고 그 아래 쪽으로도 작은 잎 2장이 쌍을 이루고 있다.

뱀딸기(밤골계곡, 2020.5.29.)
꽃잎과 꽃받침의 길이가 같거나 꽃받침이 길어 꽃잎 바깥쪽으로 삐져나온 듯한 느낌을 준다.

뱀딸기(밤골계곡, 2021.6.7.)
줄기 끝에 잎이 3장만 달려 있다.

뱀딸기는 뱀이 많이 다니는 곳에서 잘 자라기 때문에 붙인 이름이다. 땅바닥에 바짝 붙어 있다고 해서 땅딸기라고도 한다. 다 자라야 10센티미터밖에 되지 않는다. 우리 눈에 확 띄는 빨간 열매는 꽃턱이 발달한 것으로 이를 헛열매라 한다. 딸기, 사과, 매실 등은 모두 이 헛열매다. 보통 열매가 씨방이 발달한 것에 빗대어 '헛' 자를 붙여놓은 것이다.

꽃턱이란 꽃자루의 볼록한 끝부분을 말하는데 속씨식물의 꽃을 구성하는 네 기관, 즉 꽃받침, 꽃잎, 수술, 암술 등이 여기에서 자란다. 뱀딸기의 꽃받침은 상대적으로 상당히 큰 것이 특징이다. 그래서 꽃이 피었을 때는 물론, 열매가 열렸을 때도 상당히 두드러져 보인다. 이 꽃받침은 약간 허술해 보이는 꽃잎 넉 장을 확실하게 받쳐주고 있다.

뱀딸기로 오해하기 딱 좋은 딸기 하나가 있다. 바로 땃딸기다. 조금 자세히 들여다보면 뱀딸기는 노란색 꽃이 피고 딸기 열매가 하늘을 바라보는 데 비해 땃딸기는 흰색 꽃이 피고 열매가 땅 쪽으로 고개를 떨구고 있어 구별이 그리 어렵지 않다. 땃딸기는 강원도 이북의 고위도 지방을 중심으로 주로 산지에서 자생하는데, 지금 우리가 먹는 재배 딸기의 원종으로 알려져 있다. 그래서인지 열매만 작을 뿐 그 모양새는 '밭딸기'를 쏙 빼닮았다. 땃은 '땅'이라는 의미다. 땅에 바짝 붙는 줄기에서 비롯된 이름이다. 흰땃딸기가 따로 있다는 주장도 있으나 그 구별이 쉽지 않은 것 같다.

우리 정서에서 딸기 하면 빼놓을 수 없는 게 산딸기다. 산딸기는 우리나라 어느 곳에서든 쉽게 볼 수 있다. 새빨간 산딸기 열매는 어릴 적 시골에서 머루, 다래와 함께 흔하게 따먹을 수 있는 주전부리였다. 지금도 가끔 재배하는 산딸기를 사 먹어 보면 예전만큼 '달콤한 맛'은 나지 않지만 어릴 적 추억을

↑ → **땃딸기**(밤골계곡, 2021.6.4.)

흰색 꽃이 피고 열매는 땅 쪽으로 고개를 떨군다.

산딸기(밤골계곡, 2021.5.11.)

떠올리기에 그만이다.

딸기와 산딸기는 열매 모양이나 이름이 비슷하지만 생태 구조는 전혀 다르다. 딸기의 열매살은 꽃턱이 자라난 것으로 열매 표면을 따라 씨앗이 깨알같이 박혀 있는 반면, 산딸기는 하나하나의 독립된 열매가 송이 형태로 모여 있는 구조다. 열매의 특징으로 비교하면 딸기는 뱀딸기와 같고, 산딸기는 뽕나무과의 닥나무 열매와 같다. 닥나무는 좀 엉뚱한 것 같지만 뽕나무 열매, 즉 '오디'를 생각하면 고개가 끄덕여지기는 한다.

산딸기와 많이 혼동하는 나무가 멍석딸기다. 둘은 대개 꽃 색깔로 구별한다. 산딸기는 흰색, 멍석딸기는 분홍색 꽃이 핀다. 그리고 멍석딸기는 꽃이 피더라도 꽃봉오리가 완전히 펴지지 않고 피다 만 꽃처럼 반쯤 오므린 상태로 그치는 것이 특징이다. 그래서 오각형의 불가사리처럼 활짝 펼쳐져 있는 꽃받침이 더 돋보이기도 한다. 잎 뒷면에 흰색 털이 덮여 있는 것도 특징이다. 나무는 옆으로 뿌리를 뻗으며 번식하기 때문에 나중에 열리는 빨간 열매가 마치 멍석에 펼쳐놓은 모양 같다고 해서 멍석딸기라는 이름이 붙었다. 멍석딸기처럼 줄기가 옆으로 뻗는 딸기가 또 있는데 바로 줄딸기다. 멍석딸기와 줄딸기는 꽃 모양에서 완벽하게 구별된다.

멍석딸기(밤골계곡, 2021.6.7.)
꽃이 피더라도 꽃봉오리가 완전히 펴지지 않는다.

줄딸기(남한산성, 2023.4.20.)

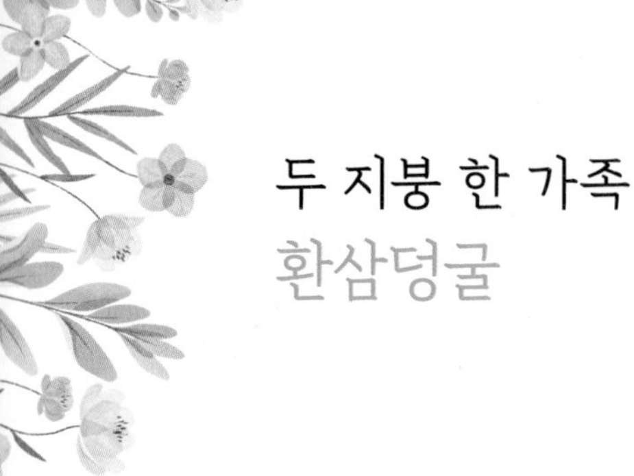

두 지붕 한 가족
환삼덩굴

들이나 농가 주변에서 흔히 볼 수 있어 잡초로 취급받는 환삼덩굴은 깨끗한 천연의 환경보다는 사람들의 손을 많이 타고 약간 훼손된 환경에서 잘 자란다. 이 식물을 오염된 환경을 알려주는 지표식물로 삼은 것은 이런 이유 때문이다. 식물사회학에서는 이런 식물을 인위식물종, 즉 '사람을 따라다니는 잡초'로 분류한다.

환삼덩굴은 삼과의 덩굴성 한해살이풀이다. 한삼덩굴이라고도 하고 깔깔이풀, 범삼덩굴, 갈강가시 등의 이름도 있다. 지금은 환삼덩굴이라는 이름이 많이 쓰이고 있지만 1633년에 발간된 《향약집성방(鄕藥集成方)》에 음을 차용하여 '한삼(汗三)'이라고 기록되어 있는 것을 보면 한삼덩굴이 더 타당할지도 모르겠다. 한삼에서 '한'은 많다, '삼'은 삼잎(대마)을 닮았다는 뜻이다. 요약하면 주변에서 흔히 볼 수 있는 삼잎을 닮은 식물이다.

환삼덩굴의 열매를 보면 1960년대 강원도에서 한창 특용작물로 인기가 많았던 호프와 비슷하다는 생각이 든다. 호프는 맥주의 원료가 되는 작물인데 당시로서는 농촌의 고소득을 보장하는 대표적 환금작물이었다. 동북아시

환삼덩굴 무리(탄천, 2020.10.10.)
뒤쪽으로 수꽃 무리, 앞쪽으로는 암꽃 무리가 자라고 있다.

아가 원산인 환삼덩굴은 유럽과 북아메리카 대륙 쪽으로 '역귀화'하여 서양환삼덩굴로 불리는 호프의 원조가 된 것으로 알려져 있다. 호프도 환삼덩굴속의 한 식물이다. 환삼덩굴의 학명 중 속명 휴물루스(*Humulus*)는 호프를 뜻하는 라틴어이고, 종소명 스칸덴스(*scandens*)는 '기어오른다'는 의미다.

환삼덩굴이 기어오르기 명수가 된 것은 온몸에 돋은 가시 덕분이다. 원줄기와 잎자루에 아래쪽을 향한 가시가 돋아 있고 손바닥 모양의 잎도 거친 털로 덮여 있다. 거친 가시와 털은 다른 물체를 타고 기어오르는 데 매우 유리하며, 적당한 물체가 없으면 자기들끼리 뒤엉켜버리기도 한다. 한번 얽혀버린

↑ **환삼덩굴 암꽃**(밤골계곡, 2020.10.10.)

← **환삼덩굴**(밤골계곡, 2020.10.8.)

환삼덩굴은 좀처럼 풀어내기 어렵다. 경작지를 침범한 이 녀석들은 농부들에게 아주 골치 아픈 잡초인 셈이다. 하지만 상대적으로 뱀이나 들쥐 같은 작은 야생동물에게는 이보다 더 좋은 피난처도 없다.

환삼덩굴의 가장 큰 특징 중 하나는 암수딴그루라는 점이다. 사람으로 말하자면 두 지붕 한 가족이다. 꽃은 7~10월에 각자 알아서 피고 그 모양새도 완전히 딴판이라 둘이 같은 '식구'라고는 믿어지지 않는다. 암꽃은 짧은 이삭꽃차례에서 둥근 솔방울 모양의 꽃이, 수꽃은 원뿔꽃차례에서 황록색의 자잘한 꽃이 핀다.

철부지
으름덩굴

으름덩굴의 '으름'은 '이흘음', '이흐름'이라는 고어에서 유래한 것이라 한다. 줄기에 구멍이 있어 공기나 물이 잘 통하고 소변을 잘 보도록 하는 약물로 쓰인 점을 고려하면 이 낱말은 '잘 흐른다'는 뜻으로 이해할 수 있다.

2020년 4월이 저물어가는 어느 날, 광주 문형산 용화선원 계곡 등산로 초입 도랑가에서 막 꽃이 피기 시작한 으름덩굴을 만났다. 이 으름덩굴은 10월이면 작은 박 모양의 열매가 갈라지고 그 속에서 먹음직스러운 바나나 모양의 뭉치 씨앗이 드러나면서 야생동물을 불러 모을 것이었다. 으름덩굴은 으름덩굴과 으름덩굴속의 낙엽 덩굴성 나무다. 키는 7미터 정도까지 자라고 꽃은 4~5월에 핀다.

그러고는 다시 10월 초순경 밤골계곡 등산로 입구에서 또 다른 으름덩굴을 만났다. 이 시기는 정상적으로는 분명 바나나 모양의 뭉치 씨앗이 적나라하게 드러나야 하는데 이 녀석은 4월에나 봄 직한 예쁜 꽃을 막 피워내고 있었다. 그것도 딱 한 송이다. 철부지도 이런 철부지가 없다. 이제야 꽃을 피워 도대체 어쩌자는 건지 모르겠다. 하긴 어느 무리에나 철부지는 있는 법이고 이런 들꽃이 의외로 반가운 것도 사실이다.

으름덩굴은 우산 형태의 송이모양꽃차례에서 꽃잎이 없는 꽃이 피고 꽃은 아래로 향한다. 꽃으로 보이는 것은 3장의 꽃받침이다. 한 나무에 수꽃과 암꽃이 함께 피는데 암꽃이 조금 더 크다. 덩굴줄기에는 작은 잎 5장으로 이루어진 손꼴겹잎이 달려 있다. 말 그대로 우리의 손 모양을 닮았다.

지리적으로 으름덩굴은 어둡고 건조한 숲속을 싫어하고 햇빛이 풍부하고 물기가 많은 완경사 지대를 좋아한다. 이런 곳은 대부분 남향의 등산로 초입이다. 밤골계곡에서 으름덩굴을 만난 것도 등산로 입구 도랑가였고, 문형산 으름덩굴도 샘터 주변의 질퍽한 습지대에 자리 잡고 있었다.

밤골계곡의 철부지 으름을 보는 순간 갑자기 문형산 으름덩굴이 생각났다. 6개월여가 지났으니 지금쯤이면 혹시 그 특유의 '바나나 열매'를 볼 수 있지 않을까 해서다. 바로 문형산으로 차를 몰았다. 분당에서 태재고개를 넘어 약 20분 정도면 닿는다. 용화선원 앞 주차장에 차를 세우고 10여 분 올라가니 4월에 보았던 으름덩굴 지대가 나온다. 여전히 덩굴 주변은 물기가 많아 질퍽하다. 그런

으름덩굴 꽃(밤골계곡, 2020.10.8.)
다들 열매를 달고 있는 시기에 엉뚱하게 피어난 철부지 꽃이다.

데 아무리 눈을 씻고 봐도 열매는 보이지 않는다. 아뿔싸, 너무 늦게 온 것이다.

으름덩굴 열매(문형산 용화선원 계곡, 2020.10.9.)
씨앗은 쏙 빠지고 빈 껍질만 남았다.

이왕 발걸음을 한 것이니 미련을 버리지 못하고 한참을 더 깊은 덤불을 뒤졌다. 지성이면 감천이라고 했다. 결국 등산객이나 야생동물의 접근이 어려운 깊은 덩굴 속에서 몇 개의 열매를 발견했다. 물론 '바나나 열매'는 이미 다 사라졌고 껍질뿐이었다. 그래도 헛걸음을 한 것은 아니니 얼마나 다행인가. 행복한 마음으로 열심히 사진을 찍으면서도 생각이 꼬리를 문다. 정말 밤골계곡 으름덩굴은 대책 없는 철부지다.

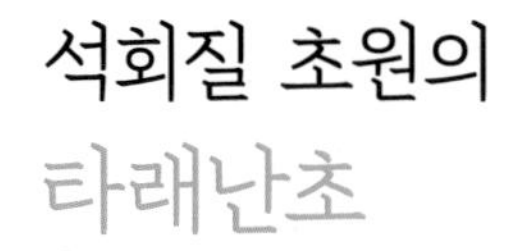

석회질 초원의 타래난초

앙증맞은 연분홍 꽃들이 꽃줄기를 따라 아래에서 위로 빙글빙글 돌면서 꽃을 피워내는 타래난초 모습은 영락없는 꽈배기 모양이다. 바로 타래난초의 정체성인 나선형 꽃차례다. 나선형은 짧고 가느다란 꽃줄기 표면적을 최대한 효율적으로 활용하는 구조다. 곤충이 어느 방향에서든 쉽게 꽃으로 접근할 수 있게 한다. 그뿐만이 아니라 또 나중에 잘 여문 씨앗들을 360도 파노라마로 날려 보낼 수도 있다. 오랜 시간 다듬어온 유전자의 치밀한 전략이다. 흰색 꽃이 피기도 하는데 이는 흰타래난초라고 해서 따로 구별하기도 한다. 꽃은 6~7월에 볼 수 있다.

자손을 퍼뜨리는 방식도 아주 독특하다. 꽃의 크기는 쌀알만 한데 여기에서 수만 개의 씨앗을 만들어낸다. 그런데 문제는 너무 많은 씨앗을 만들다 보니 씨앗이 매우 작아졌다는 것이다. 난초 씨앗은 식물 씨앗 중 가장 작은 것으로 알려져 있다. 그래서 영어로도 '더스트 시드(dust seed)'다. 더 큰 문제는 씨앗이 너무 작다 보니 다른 식물처럼 싹을 틔울 때 필요한 영양분을 저장할 공간이 턱없이 부족하다는 점이다.

그래서 이 녀석은 특별한 전략을 세웠다. 자력으로는 어려우니 주변으로부터 도움을 받는 것이다. 그중 하나가 곰팡이다. 일단 씨앗이 땅에 떨어지면 '난균'이라는 곰팡이를 씨앗으로 불러들여 그 균사에서 영양분을 얻어 싹을 틔운다. 곰팡이가 난초 씨앗으로 들어가는 메커니즘은 확실히 밝혀지지 않았지만 난초 씨앗이 싹을 내는 데 곰팡이가 둘도 없는 조력자인 것은 확실하다. 그뿐 아니다. 난초가 다 자란 후에도 도움을 그치지 않는 곰팡이류도 있다.

타래난초(포은정몽주선생묘역, 2020.6.29.)
꽈배기처럼 꼬인 나선형 꽃차례가 인상적이다.

식물 세계에서 곰팡이는 아주 특별한 존재다. 식물학자들 사이에서는 '우드 와이드 웹(woood wide web)'이라는 새로운 생태학적 개념이 통용되고 있다. 이는 식물 뿌리에 붙은 수많은 곰팡이가 상호 소통을 위해 연결되어 있는 네트워크를 말한다. 지금까지 알려진 바로는 땅속 곰팡류는 식물에 질소를 공급해주고 식물은 그 반대로 곰팡이에 탄소를 제공함으로

타래난초(포은정몽주선생묘역, 2020.6.29.)

써 서로 공생관계를 유지하는 것으로 되어 있다. 우드 와이드 웹은 이러한 생태 시스템에 더해 곰팡이가 식물과 식물을 서로 연결하는 매개자 역할을 한다는 개념이다. 눈에 보이지 않는 땅속 세계의 이러한 네트워크는 지금까지 우리가 알고 있는 공기 중에서의 식물 간 네트워크보다 훨씬 규모가 큰 것으로 알려져 있다.

여느 난초류도 그렇지만 타래난초는 유럽의 경우 비료를 사용하지 않은 석회질 초원에서 주로 서식한다고 한다. 난초가 잘 자라려면 자연 상태의 토양에서 사는 다양한 미생물과 균류가 필요하기 때문이다. 대개의 야생 난초는 특정한 균류와 공생관계를 맺으며 살아간다. 난초와 균류가 함께 살아가려면 토양의 산도, 견고성, 미생물군과 서식 장소의 미기후(微氣候, 지면에 접한 대기층의 기후. 보통 지면에서 1.5미터 높이 정도까지가 그 대상이며, 농작물의 생장과 밀접한 관계가 있다) 등의 조건이 맞아야 한다.

대부분의 난초가 그늘진 곳을 좋아하는 데 비해 타래난초는 양지바른 곳에서 잘 자란다. 그래서인지 우리나라에서는 주변에서 가장 흔하게 볼 수 있는 난초로 알려져 있다. 그러나 개체 하나하나는 아주 작고 가늘어서 무리 지어 있지 않는 한, 눈에 잘 띄지 않는다.

바닷바람이 좋은 사데풀

사데풀을 가만히 들여다보면 민들레와 방가지똥을 적당히 섞어 놓은 모양이다. 탁구공 크기의 하얀 열매는 영락없는 방가지똥이다. 실제로 사데풀은 국화과 방가지똥속에 속하며 흔히 '키큰민들레'라고도 불린다. 우리나라가 원산지로 되어 있고 중국, 일본 등지에도 분포한다.

우리나라에서 사데풀이 살아가는 지리적 환경은 독특하다. 식물도감에서는 염생식물로 분류한다. 바닷가에 사는 식물이라는 것이다. 사실 염생식물 하면 제일 먼저 떠오르는 것은 칠면초다. 만조 때 바닷물에 잠기다가 간조 때 드러나는 땅, 즉 갯벌에서는 식물이 자라지 못한다. 그러나 조금씩 그 갯벌에 토사가 쌓이기 시작하면 그곳에 식물이 뿌리를 내리기 시작하는데 가장 먼저 찾아오는 것이 바로 칠면초다. 간조 때 빨갛게 해안 갯벌을 물들이는 칠면초 무리가 있다면 그곳은 머지않아 육지로 변할 곳이라고 보아도 좋다. 칠면초의 등장은 갯벌이 육지 환경으로 바뀌고 있다는 결정적인 신호다.

같은 염생식물이라고는 하지만 사데풀은 칠면초와는 완전히 다른 지리적 환경을 좋아한다. 칠면초가 바닷물에 발을 푹 담그고 살아가는 반면, 사데풀

칠면초(경기 화성시 서신면 송교리, 2021.10.26.)
갯벌이 육지로 변해가는 환경을 알려주는 지표식물이다.

은 바닷가 중에서도 바닷물이 직접 뿌리에 닿지 않으면서도 바람을 통해 염분이 어느 정도 공급되는 습한 장소를 선호한다. 폐염전이나 간척지, 해안사구 지대가 이들이 살아가는 터전이다.

그런데 내가 사데풀을 처음 본 곳은 엉뚱하게도 성남시청공원 꽃밭이었다. 도감을 찾아보니 분명히 해안가 식물로 되어 있는데 이 사데풀을 중부 내륙의 공원에서 보게 된 것이다. 그러던 중 서해안 경기도 화성 송교리 해안에서 우연히 이 사데풀을 만났다. 송교리는 화성의 대표적 관광지인 제부도로

공원 사데풀(성남시청공원, 2021.8.14.)

들어가는 초입의 마을이다. 더 멀리 떨어진 제부도는 오히려 '자연다운 자연'을 만나기 어려워졌지만 송교리 해안에는 야생의 풍경이 여전히 곳곳에 남아 있다.

당시 성남시청공원의 사데풀은 까마득히 잊어버리고 있었던 터라 그저 새로운 들꽃을 발견한 기쁨에 한동안 들떠 있었다. 같은 들꽃이라도 사람이 꾸며놓은 화단이나 정원이 아니라 온전히 야생에서 마주하는 들꽃이 주는 감성적 환희는 남다르고 아주 특별한 경험이다. 많은 사람이 야생의 들꽃을 찾아 그 모진 고생을 마다하지 않는 이유가 바로 여기에 있는 것이 아닐까.

어떤 식물이든 처음 만나면 가장 궁금한 것이 이름이다. 이어서 그 이름

↑ 사데풀 갓털
(경기 화성시 서신면 송교리, 2021.10.26.)

← 바닷가 사데풀(경기 화성시 서신면 송교리, 2021.10.26.)

에 담겨 있는 이야기가 궁금해진다. 그런데 아쉽게도 사데풀의 기원에 대해서는 명확히 밝혀진 게 없다. 다만 그 생김새와 쓰임새가 비슷한 '상추'에서 비롯된 것으로만 추정하는 정도다. 《꽃들이 나에게 들려준 이야기》의 저자 이재능은 사데풀의 수수께끼를 풀기 위해 몇 년 동안 애썼지만 결국 찾지 못했고 나름 독자적이고 기발한 가설을 하나 세웠다. 언어는 오랜 세월 구전되면서 다양한 변화 과정을 거치는데 사데풀의 직전 이름은 석쿠리, 세투리풀이고 이 둘은 '세 번째 잎이 나왔을 때 먹기 좋은 나물'이라는 뜻의 세출잎, 석출잎에 그 기원을 두고 있다는 것이다. 아주 그럴듯한 가설이다. 지금도 지방에 따라 사데풀은 석쿠리, 세투리, 시투리, 서덜채 등으로 불린다.

작은 물동이
동의나물

동의나물은 고마리나 미나리처럼 습지나 물가에서 살아간다. 동의나물의 어원에 대해서는 둥근 잎을 오므리면 물을 받아먹을 수 있는 작은 물동이가 된다고 해서 붙인 이름이라는 해석도 있고, 꽃봉오리가 벌어지는 모습이 물동이처럼 생겼다는 설명도 있다. 잎 모양이 말발굽처럼 생겼다는 뜻에서 한자어로 마제초(馬蹄草)라 하기도 한다.

꽃색은 대개 꽃잎 색을 나타내고, 꽃받침과 꽃차례 밑에 붙어 있는 총포는 녹색인 것이 보통이다. 그러나 꽃이 반드시 꽃잎 색으로만 이루어진 것은 아니다. 꽃받침이 전적으로 꽃잎의 역할을 하기도 한다. 동의나물이 그렇다. 동의나물의 흥미로운 점은 꽃은 피지만 꽃잎이 없다는 것이다. 얼핏 보면 꽃잎만 있고 꽃받침이 없는 것 같지만 오히려 그 반대다. 우리 눈에 꽃잎처럼 보이는 것은 꽃받침조각일 뿐이다.

꽃을 구성하는 기본적인 요소는 꽃받침, 꽃잎, 수술, 암술이지만 모든 꽃이 네 가지 요소를 다 갖춘 건 아니다. 식물에 따라 꽃받침이 없는 경우도 있다. 이는 생식에 쓰이는 에너지를 절약하려고 노력한 결과다. 꽃의 네 가지 요소를 모두 갖춘 것을 갖춘꽃, 하나 이상 없는 것을 안갖춘꽃이라고 한다. 안갖춘꽃 중에는 수술과 암술 중 하나만 가지고 있는 경우도 많은데 이 꽃들은 안갖춘꽃이기는 하지만 단성화라는 개념이 더 많이 쓰인다.

어쨌든 꽃잎이 아니고 꽃받침이기는 하지만 동의나물은 전체적으로 샛노란 꽃이 아주 인상적이다. 그런데 흥미로운 점은 우리가 보는 꽃의 색과 곤충이 보는 색이 다르다는 것이다.

동의나물 꽃잎 안쪽에는 자외선을 흡수하는 플라보노이드인 칼콘(chalcon)이 있고 바깥쪽에는 반대로 자외선을 반사하는 카로티노이드가 많다. 자외선을 알아차리지 못하는 우리 눈에는 동의나물이 완전히 노란색으로 보이지만 자외선을 볼 수 있는 곤충의 눈에는 노란색 중심에 검은 테두리를 두른 것으로 비친다. 그래서 벌은 일단 그것이 꽃임을 확인하면 노랗게 빛나는, 꽃밥과 꿀샘이 숨겨져 있는 안쪽으로 들어가 먹이를 찾는다.

매개동물이 어느 정도 접근하면 꿀샘으로 가는 또 다른 안내자가 기다린다. 유인색소, 즉 허니 가이드이다. 유인색소는 동의나물이나 노랑매미꽃처럼 자외선을 파악하는 벌에게만 보이기도 하지만 꽃잎 위에 점이나 무늬로 우리 눈에 보이기도 한다. 꽃이 늙으면 유인색소도 색이 변하거나 흐려진다. 이렇게 색이 바래고 유인색소가 옅어진 꽃에는 향기나 꿀도 없고 곤충도 찾아오지 않는다.

동의나물은 이름 그대로 어린잎을 나물로 이용하는 나물이다. 그러나 독성이 강해 주의해야 한다. 실제로 이 식물은 봄철에 조심해야 하는 독초식물 목록에 들어가 있다. 동의나물은 특히 들나물인 곰취와 혼동하기 쉽다.

동의나물(맹산반딧불이자연학교, 2021.4.11.)
꽃잎은 없고 꽃받침 4장으로만 되어 있다.

동의나물(맹산반딧불이자연학교, 2021.4.11.)

곤충을 부르는 들꽃

곤충은 기본적으로 식물에 의지해 살아간다. 그뿐 아니라 식물에도 곤충이 절대적으로 필요하다. 그러나 모든 곤충이 모든 식물을 좋아하는 것은 아니며, 반대로 모든 식물이 모든 곤충이 필요한 것은 더더욱 아니다. 그러기에는 지구상의 자연계에 존재하는 식물과 곤충 수가 너무 많고 아주 다양하다. 그래서 곤충과 식물 사이에는 나름 고유의 질서가 잡혀 있다. 곤충은 제가 좋아하는 식물을 찾아가고, 식물도 그런 곤충을 끌어들이기 위해 교묘한 전략을 펼친다. 곤충의 세계를 알고 나면 들꽃 여행의 즐거움이 더욱 커지는 이유다.

여름 들꽃 여행에서는 특히 더 많은 곤충을 만난다. 따로 그들을 만나러 갈 필요도 없다. 들꽃 옆에 주저앉아 있다 보면 저절로 눈에 들어오는 것이 이런저런 곤충들이다. 꽃과 곤충을 함께 만나는 여름은 들꽃 여행의 또 다른 묘미다.

우리나라에 사는 곤충은 대략 5만 종일 것으로 추정하고 있으며, 현재까지 밝혀진 것은 1만 8천여 종이란다. 생물학 분야에서 무한한 가능성이 있는 분야가 바로 곤충학이 아닐는지 모르겠다.

"숲은 고요한 것처럼 보이지만 그 속에서 동물들은 얼마나 활기차게 움직이고 있는지. 파고, 갉고, 물고, 먹이를 찾고, 덤불 사이를 돌아다니고, 조용히 늪을 건너고, 곤충 무리는 햇빛 아래에서 춤을 추고 있다."

환경운동가 존 뮤어(John Muir, 1838~1914)의 말이다.

◀ 꿀벌들을 유혹하는 모란꽃

도깨비바늘과 풀색노린재

강원도에서 태어나 어린 시절을 보낸 나에게 가장 기억에 또렷하게 남는 식물 하나를 들라면 바로 도깨비바늘이다. 강원도 방언으로는 귀사리라고도 한다는데 내 기억에는 없다. 하긴 강원도는 태백산맥을 기준으로 영서지방과 영동지방의 문화가 확연히 다를 정도이니 그럴 수도 있겠다. 도깨비바늘은 쌍떡잎식물 국화과의 한해살이풀이다. 7~10월에 줄기와 가지 끝에 노란색 꽃이 핀다. 꽃송이 둘레의 혀꽃이 아예 없기도 하지만 2~5장으로 나오는 것이 보통이다. 내가 탄천에서 만난 도깨비바늘의 혀꽃은 모두 2~3장이다.

도깨비바늘이라는 이름은 이 식물의 바늘 모양의 씨앗에서 비롯되었는데 그 바늘은 평범한 바늘이 아니다. 씨앗 끝에 가늘고 뾰족한 바늘이 달려 있고, 거기에는 다시 10여 개의 날카로운 바늘이 낚싯바늘처럼 거꾸로 달려 있다. 완벽한 삼지창 모양이다. 이런 특성 때문에 일단 동물의 털이나 사람의 옷에 달라붙은 도깨비바늘은 손으로 일일이 떼어내지 않는 한 좀처럼 떨어져 나가지 않는다. 여간 귀찮은 존재가 아니다. 그것이 바로 도깨비바늘의 숨은 전략이다.

1	2
	3

1 도깨비바늘 꽃(탄천, 2020.10.7.)
혀꽃이 약간 허술해 보인다.

2 도깨비바늘 풋열매(탄천, 2020.10.7.)
씨앗 끝에 가늘고 뾰족한 바늘이 거꾸로 달려 있어 한번 달라붙으면 좀처럼 떨어지지 않는다.

3 도깨비바늘 익은 열매(화랑공원, 2020.11.11.)
열매가 익으면서 활짝 펴지면 완벽한 삼지창 모양을 띤다.

도깨비바늘과 똑같은 꾀를 내는 식물로 도꼬마리가 있다. 도꼬마리 열매 표면에도 뾰족뾰족한 가시바늘이 돋아 있고 그 끝부분이 낚싯바늘처럼 휘어져 있어 동물의 털이나 사람의 옷에 귀신같이 달라붙는다. 스위스 전기 기술자 조르주 드메스트랄(George de Mestral)은 이 식물에서 아이디어를 얻어 그 유명한 찍찍이, 즉 벨크로 테이프(velcro tape)를 발명했다.

도깨비바늘은 '식물의 형태 형성 기억 연구'에 의미 있는 실험 수단으로 쓰인 식물로도 유명하다. 형태 형성 기억이란 시간이 흐른 후에 식물의 모양이나 형태에 영향을 주는 기억이다. 다시 말해 잎이 찢어지거나 가지가 부러지는 등의 자극을 받은 식물이 처음에는 별다른 반응을 보이지 않지만 환경 조건이 달라지면 과거의 그 아픈 기억을 기억해내고 생장에 변화를 주는 식으로 반응한다는 것이다. 일종의 트라우마 효과다.

20세기 중반 체코 식물학자 루돌프 도스탈(Rudolf Dostál)은 어린 아마를 대상으로 한 실험에서 이러한 형태 형성 기억을 찾아냈다. 이어서 프랑스 루앙 대학교 미셸 텔리에(Michel Tellier) 역시 도깨비바늘을 연구한 결과 식물이 과거를 기억하는 능력이 있음을 밝혀냈다. 이 실험은 두 번에 걸쳐 진행되었다.

이 매력적인 실험을 이해하려면 식물해부학적 지식이 약간 필요하다. 아마나 도깨비바늘 같은 쌍떡잎식물은 싹이 트면 땅 위에서 커다란 떡잎이 두 장 나온다. 두 떡잎 사이에는 중심 줄기에서 생장하는 끝눈이 있다. 이 끝눈이 점차 자라면 끝눈 아래에 두 개의 곁눈이 각각 양쪽의 떡잎과 같은 방향으로 삐죽 솟아난다. 정상적인 상황에서는 이 곁눈은 자라지 않고 휴면기에 들어간다. 그러나 끝눈이 손상되거나 잘려 나가면 두 곁눈이 자라 길어지고, 각 곁눈이 끝눈 역할을 하는 새로운 가지를 형성한다. 이렇게 끝눈이 곁눈의 생장을 억제하는 것을 '끝눈 우성'이라고 한다. 이 끝눈 우성의 법칙을 실생활에서 가장 잘 활용하는 사람이 바로 정원사다. 정원사가 전정가위를 들고 열심히 생울타리 가지를 쳐내는 것은 가지마다 달린 끝눈을 잘라내서 더 많은 곁눈과 새 가지를 자라게 하려는 의도이다.

텔리에는 도깨비바늘의 끝눈을 잘라내자 양쪽 곁눈이 거의 고르게 자란다는 것을 확인했다. 그런데 흥미롭게도 한쪽 떡잎에 상처를 내면 건강한 떡잎에 가까운 곁눈만 자랐다. 큰 상처를 입힌 것도 아니고 끝눈을 자르면서 떡잎을 단지 바늘로 네 번 찌르기만 했을 뿐이었다.

텔리에의 실험은 이어졌다. 그는 한쪽 떡잎을 전과 같이 바늘로 찌른 다음에 떡잎을 둘 다 떼어냈다. 그리고 2주 후 끝눈을 잘라내자 상처를 낸 떡잎 쪽의 곁눈이 다른 쪽 곁눈보다 더 작게 자랐다. 텔리에는 이 실험을 통해 도깨비바늘이 '떡잎의 손상'을 기억해 두었다가 곁눈이 자라는 데 영향을 준 것으로 결론 지었다.

뇌가 없는 도깨비바늘이 어떻게 그 '상처 정보'를 기억하고 저장했는지의 여부는 아직 명확히 밝혀지지 않았다. 현재로서는 식물의 성장과 발달에 영향을 미치는 대표적인 식물 호르몬인 옥신(auxin)과 관련되었을 가능성이 높은 것으로만 추정하고 있는 정도다. 옥신의 기능 중 하나는 세포에게 길이를 늘이라고 지시하는 것이다. 옥신은 그리스어 '증가하다'라는 뜻에서 따온 말이다. 이 옥신은 식물에 가해지는 다양한 자극에 민감하게 반응해 그 기능을 수행하는 것으로 알려져 있다.

2020년 9월 어느 날, 탄천 산책로에 걸터앉아 콩알만 한 도깨비바늘 꽃을 찍던 중 한쪽 구석 풀잎에 매달려 있는 앙증맞은 곤충 두 녀석이 눈에 들어왔다. 사진을 찍어 놓고 자료를 찾아보니 풀색노린재 약충, 그중에서도 3령과 4령이었다.

풀색노린재

풀색노린재는 노린재목 노린재과의 곤충이다. 이름 그대로 몸 전체가 녹색을 띤 노린재다. 그러나 간혹 황색이나 갈색인 녀석들도 발견된다니 그 이름 때문에 좀 헷갈릴 것 같기는 하다. 우리의 기억에 강하게 남아 있는 일반적인 노린재의 이미지는 고약한 냄새, 즉 녀석들의 방귀 냄새다. 그래서 노린재를 비롯해 냄새를 풍기는 곤충을 방귀벌레라고도 한다. 물론 노린재라고 모두 불쾌한 냄새를 풍기는 것은 아니다. 풀색노린재의 방귀에서는 풀향기가 나기도 한단다. 풀향기는 '달콤'까지는 아니더라도 어쨌든 기분 좋은 냄새다. 이러한 기분 좋은 냄새는 향수의 원료로도 쓰인다. 녀석은 경작지의 콩과 작물이나 과일의 즙을 즐겨 빨아 먹는다는데 그 풀향기는 아무래도 이런 먹거리와 관계가 있을 것 같기도 하다.

풀색노린재는 어른이 되기 전까지는 완전한 녹색이 아니다. 어린 약충은 알록달록한 물방울무늬를 달고 있다. 오래전 유행했던 '물방울 넥타이'나 '물방울 치마'의 원조는 이 풀색노린재 어린것의 등짝 무늬일지도 모른다.

곤충은 애벌레 상태에서 성충이 되기 위해 여러 차례 탈피하는 과정을 거치는데 이때 탈피와 탈피 사이의 시기를 령(齡, instar)이라고 한다. 풀색노린재는 1년에 두 번 번식한다. 6월경 제1세대가 태어나고, 9월경에는 이들에게서 다시 제2세대가 이어진다. 내가 풀색노린재 약충들을 만난 것이 9월 중순이니 녀석들은 제2세대인 셈이다. 이들은 성충 상태로 겨울을 나고 다음 해 4월쯤 기주식물(寄主植物, host plant)로 이동해 알을 낳는다. 알에서 태어난 약충은 기주식물에서 성장하지만 성충이 되면 과일나무 등으로 옮겨간다. 기주식물은 주로 초식성 곤충이나 애벌레의 먹이가 되는 식물을 말한다. 내가 풀색노린재 약충을 발견한 도깨비바늘이 바로 이들의 기주식물 중 하나였던 것이다.

곤충이 나름 좋아하는 기주식물이 있다는 것은 먹이 선택에 편식성이 있다는 뜻이다. 지구상의 동물 중 70퍼센트 정도가 곤충으로, 이들의 절반은 특정 식물만 먹고 산다. 이는 곤충의 또 다른 생존 전략이다. 식물은 곤충의 공격을 피하기 위해 다양한 독성물질을 지니고 있다. 이처럼 그 많은 식물의 독성을 일일이 이겨내기 어려우므로 곤충은 한두 가지 정도에만 면역성을 갖는 것으로 진화해 기주식물로 삼은 것이다. 그러니 지구상에서 하나의 식물이 사

풀색노린재 약충 3령(탄천, 2020.9.18.)

풀색노린재 약충 4령(탄천, 2020.9.18.)

라지는 것은 또 하나의 곤충이 함께 사라지는 것을 의미하는 것이기도 하다.

풀색노린재는 다양한 식물을 섭취하는 대표적인 잡식성 곤충으로 알려져 있다. 농부 입장에선 아주 골치 아픈 해충인 셈이다. 2009년 독도 생태환경조사에 따르면, 71종의 곤충이 서식하고 있는 독도에 이전에는 관찰되지 않던 풀색노린재가 새롭게 포함되어 있는 것으로 밝혀졌다. 독도에는 무려 60여 종의 식물이 저마다의 방식으로 뿌리를 내리고 살고 있다니 잡식성인 풀색노린재가 독도에서 살아가기에는 부족함이 없을 듯싶다.

식물들이 생존하는 것 자체가 힘겨운 삭막한 바위섬에 풀색노린재가 안정적으로 정착한 것을 보면 녀석의 지리적 적응성 하나는 정말 알아줘야 할 것 같다. 그나저나 자그마한 몸집에 제대로 날지도 못하는 녀석이 어떻게 그 먼 곳까지 갈 수 있었을까 정말 궁금하다.

노박덩굴과 노랑배허리노린재

노박덩굴의 노박은 노와 박따위를 합친 '노박따위'에서 비롯된 것으로 본다. 노는 노끈, 박따위(박다위)는 노끈을 길게 엮어 만든 멜빵을 가리킨다. 실제로 노박덩굴의 줄기 껍질은 예부터 노끈 등을 만드는 데 사용되어 왔다. 중국명 남사등(南蛇藤)은 그 줄기가 뱀의 한 종류인 남사를 닮은 등나무 같다는 의미다. 일본에서는 '덩굴진 낙상홍'이라는 의미의 이름을 쓴다.

노박덩굴의 매력은 가을에 찾아온다. 매력 포인트는 초가을이면 노랗게 익어가는 열매와 가을이 깊어짐에 따라 이 열매가 세 갈래로 갈라지면서 드러나는 새빨간 색의 씨앗이다. 열매는 늦가을을 지나 한겨울에도 가지에 매달려 있어 황량한 겨울 풍경을 그나마 화사하게 해준다. 겨울을 나는 새들에게는 더없는 먹잇감인데 이것이 바로 노박덩굴의 숨은 생존 전략이다.

식물의 꽃이나 열매는 종족 번식에 중요한 곤충을 불러들이기 위해 최대한 화려한 색을 띤다. 가을에 맺히는 열매들이 특히 빨간색을 띠는 이유 중 하나는 녹색의 잎이나 겨울철에 하얀 눈과 대비되어 새들의 눈에 잘 띄기 때문이다. 물론 이 열매는 처음부터 빨간색이 아니다. 열매가 완전히 여물기 전까지는 대부분 잎색과 같은 녹색을 띤다. 이 또한 열매가 제 기능을 할 수 있을 때까지 스스로 최대한 보호하기 위함이다.

맹산환경생태학습원 북쪽 기슭에는 노박덩굴 십여 그루가 자라고 있다. 2020년 입동 바로 전날의 노박덩굴은 겨울맞이 준비를 완벽하게 끝낸 모습이었다. 입동은 24절기 중 19번째 절기다. 이때쯤이면 무와 배추를 거둬들이는 농부들의 손이 분주해지고 겨울잠을 자는 동물들은 땅속으로 굴을 파고 들어가 자리를 잡는다. 가을 단풍이 막바지로 치닫는 시간, 노박덩굴은 그 어느 단풍보다 화려한 겨울옷으로 갈아입는다.

노박덩굴은 여름과 가을에 걸쳐 노랑배허리노린재의 보금자리다. 노랑배허리노린재들은 노박덩굴의 단골손님이다. 녀석들은 여름철에 날아와 둥지를 틀고는 가을을 지나 겨울 초입까지 노박덩굴을 떠날 줄 모른다. 2020년 10월 중순, 노랑배허리노린재 가족을 노박덩굴에서 만났다. 바람이 제법 서늘해지기 시작함에도 여전히 왕성한 번식력과 식욕을 자랑한다. 모기 입이 삐뚤어진다는 처서가 지난 지 한참이지만 이 녀석들의 주둥이는 여전히 건재하다. 상대적으로 노박덩굴은 날이 갈수록 행색이 초췌해진다. 하필이면 이 녀석들은 하고많은 식물 중에 노박덩굴에 집착하는지 모르겠다. 노랑배허리노린재의 넓적한 노랑 배와 노박덩굴의 둥근 노랑 열매가 썩 어울리기는 하다.

노랑배허리노린재

노랑배허리노린재는 노린재목 허리노린재과 곤충이다. 허리노린재는 여느 노린재에 비해 허리가 상대적으로 잘록하다고 해서 붙인 이름이다. 개미허리 정도는 아니지만 대개의 노린재가 몸매가 뚱뚱한 데 반해 이 허리노린재류는 나

↑ **노박덩굴**(맹산환경생태학습원, 2020.11.4.)

→ **노박덩굴 열매**(맹산환경생태학습원, 2021.10.25.)
열매가 주로 빨간색으로 익는 것은 겨울철에 하얀 눈과 대비되어 새들의 눈에 잘 띄기 위함이다.

름 날씬하긴 하다.

노랑배허리노린재의 '노랑배'는 배 쪽이 온통 화사한 노란색으로 빛난다고 해서 덧붙인 이름이다. 날개가 덜 자란 어린 약충의 경우 이 노란색이 더 두드러진다. 성충이 되면 노랑 배는 흑갈색 또는 검은색의 긴 등날개로 거의 덮인다. 그러나 허리 양쪽 부분은 날개가 노란색의 넓적한 배를 다 덮지 못하고 테두리가 살짝 드러나는데 이 부분의 검은색과 노란색이 절묘하게 조화를 이룬다.

노랑배허리노린재의 대표색이 노랑인 것은 분명하다. 처음 이 녀석과 딱 마주치면 노랑 배가 우선 눈에 확 띈다. 이에 못지않게 눈길을 끄는 것이 또

노랑배허리노린재 약충과 성충(맹산환경생태학습원, 2020.10.3.)
앞의 두 마리가 약충이고 뒤의 개체가 성충이다.

노랑배허리노린재(맹산환경생태학습원, 2020.10.4.)
검은색, 흰색, 노란색 그리고 주황색의 조합이 은근히 화려하다.

있다. 바로 세 쌍의 다리다. 각각의 다리는 검은색, 흰색 그리고 주황색의 조합이 절묘하다. 가늘고 긴 주둥이도 같은 모양새다. 그 주둥이를 깊숙이 꽂고 과즙을 빨고 있는 모습을 보면 마치 다리가 일곱 개인 듯한 착각을 불러일으킨다.

이 녀석이 선택한 검은색, 흰색, 노란색 그리고 주황색의 조합은 단순한 듯하면서도 은근히 화려하다. 화려함으로 말하자면 탑골공원에서 만난 큰광대노린재를 빼놓을 수 없지만 세련된 패션 감각 면에서는 아무래도 노랑배허리노린재가 한 수 위인 듯싶다.

붉은토끼풀과 노랑나비

봄이면 어느 곳에서나 흐드러지게 꽃을 피우는 토끼풀이지만 내가 어릴 적에는 이 토끼풀을 들꽃으로 여기지 않았다. 어릴 적 토끼풀은 그냥 집에서 키우는 토끼의 좋은 먹잇감일 뿐이었다. 물론 토끼풀 꽃을 잘라 꽃반지를 만들 때 토끼풀은 꽃이 된다. 세상이 바뀌어 지금은 토끼풀을 화단이나 정원에 화초로 심는 시대가 되었다. 토끼풀 하나하나는 그다지 존재감이 없지만 무리 지어 흰색 꽃을 피우는 모습은 또 하나의 꽃대궐이다.

처음부터 어엿한 들꽃 대접을 받은 토끼풀도 있다. 붉은토끼풀이다. 붉은토끼풀도 원래 사료용으로 재배되던 것이 목초지 울타리를 넘어 야생화한 것이다. 붉은토끼풀은 덩치가 크고 꽃송이도 그에 비례해 무척 크고 색도 화려해 보통의 토끼풀과는 처음부터 대접이 달랐다. 붉은토끼풀은 야생으로 살아가기는 하지만 토끼풀처럼 대규모 군락으로 퍼지지 않는 것이 특징이기도 하다.

토끼풀은 아무리 커봤자 20센티미터 정도에 그치지만 붉은토끼풀은 60센티미터까지 자란다. 두 배 이상이다. 그러니 사료용으로 그만일 것이다. 키만 큰 것이 아니라 잎도 크고 꽃도 크다. 줄기 끝에 달린 큼지막한 분홍

토끼풀(탄천, 2021.5.9.)
무리 지어 흰 꽃을 피워내는 토끼풀은 그 어느 봄꽃에 뒤지지 않는다.

색 또는 보라색 꽃이 훨씬 돋보인다. 그뿐이 아니다. 큼지막한 세 잎에는 멋들어진 잎 모양의 문양이 새겨져 있는데 수수하면서도 꽃 못지않게 예쁘다. 사료용으로는 물론이고 관상용으로도 충분한 가치가 있다. 바닷가에 가면 노랑토끼풀도 있다는데 아직 본 기억은 없다. 기회가 되면 일부러라도 찾아봐야겠다.

붉은토끼풀은 꽃이 화려해서인지, 꿀이 잔뜩 있어서인지 유독 무당벌레, 노랑나비, 흰줄표범나비가 연이어 꽃을 찾는다. 봄철, 붉은토끼풀 옆에 앉아 있노라면 가장 빈번하게 찾아오는 곤충 중 하나는 노랑나비 무리이다. 노랑나

붉은토끼풀(율동공원, 2020.5.26.)
붉은색이 선명하고 꽃 자체도 무척 크다.

붉은토끼풀 잎(율동공원, 2021.11.5.)
잎 안쪽으로 연녹색의 하트 무늬가 있어 꽃이 없어도 보통의 토끼풀과 쉽게 구별된다.

비와 가장 잘 어울리는 것은 흰색 토끼풀이나 노랑토끼풀이 아닌 붉은토끼풀인 듯하다.

그런데 토끼풀을 찾는 곤충이 모두 토끼풀의 꿀을 얻는 것은 아니다. 토끼풀의 꽃은 곤충이 내려앉아 뒷발로 꽃잎을 지긋이 내리누르면 꿀이 있는 곳으로 난 입구가 슬며시 열리는 구조로 되어 있다. 따라서 토끼풀 꽃잎을 누르는 힘과 지혜를 갖춘 선택된 곤충만이 꿀맛을 볼 수 있는 것이다. 덩치가 작은 벌이나 등에류는 그 범주에 들어가지 못한다.

노랑나비

"나비야 나비야 이리 날아오너라
노랑나비 흰나비 춤을 추며 오너라
봄바람에 꽃잎도 방긋방긋 웃으며
참새도 짹짹짹 노래하며 춤춘다."

〈나비야〉라는 동요 덕분에 노랑나비는 '국민 나비'가 되었다. 뿐만 아니라 우리 선조들의 시조에 가장 많이 등장하는 곤충이 바로 나비이고 그다음이 귀뚜라미라는 흥미로운 통계자료도 있다. 게다가 옛 그림에 가장 많이 등장하는 것 역시 나비, 여치, 딱정벌레라고 하니 나비와 우리 국민은 아주 깊은 인연의 끈이 닿아 있는 듯하다.

노랑나비는 전국적으로 개체 수가 가장 많아 주변에서 쉽게 관찰된다. 풀밭을 빠르게 날아다니며 꿀을 빠는데 개망초, 토끼풀, 엉겅퀴, 유채, 민들레 등의 꽃에 많이 모인다. 이름답게 날개는 노란색이지만 암컷은 흰색을 띠기도 해 흰나비로 오인하기도 한다. 흰나비는 흰색이 우세하다. 노랑나비는 앞날개 가운데에 검은색 점이 뚜렷하고 가장자리를 따라 역시 검은색 무늬가 있다.

나비는 무척이나 신경이 예민해서 좀처럼 가까이 다가갈 기회를 주지 않는다. 그러나 상대가 별로 해를 끼치지 않을 것 같다는 판단이 일단 서면 그때부터는 완전히 무방비 상태가 된다. 그러니 나비와 친해지려면 단 몇 분 동안 그 자리에서 참을성 있기 기다리는 게 우선이다. 나비는 회귀성이 강하고 늘 다니는 길이 있어 그 길목을 지키기만 하면 된다.

1 **노랑나비 암컷**(율동공원, 2020.5.27.)
우리 주변에서 가장 쉽게 볼 수 있는 나비다.

2 **노랑나비 수컷**(탄천, 2021.9.4.)

3 **흰나비**(탄천, 2021.9.4.)

큰금계국과 꽃등에

나는 골프장 캐디분들이 싫어하는 사람 중 하나다. 눈에 보이는 나무든 꽃이든 일단 모르면 물어본다. 그러잖아도 몸과 마음이 바쁜데 좋아할 리가 없다. 물론 흔쾌히, 그리고 자신 있게 알려주고는 서로 즐거워하기도 한다. 그 중 하나가 큰금계국이다. 금계국이 골프장 조경화로 널리 보급되었기 때문이다.

큰금계국은 2020년 1년 동안 꽃을 좋아하는 사람들이 그 이름을 가장 궁금해했던 꽃이다. 꽃 이름 검색 앱인 '모야모'에 올린 질문 중 가장 많은 것이 큰금계국이었고 다음이 개망초, 산딸나무, 큰개불알풀 순이었다. 큰금계국은 여름철에 아주 흔히 볼 수 있는 꽃 중 하나이지만 이름을 제대로 알고 있는 사람이 흔치 않다는 뜻이기도 하다.

큰금계국은 웬만큼 해가 들고 물 빠짐이 좋은 환경이면 무럭무럭 잘 자라고 손이 많이 가지 않으면서도 아름답고 풍성한 꽃을 오랫동안 피워낸다. 5월부터 꽃이 피기 시작해 9월까지 이어진다. 큰금계국은 북아메리카에서 들어온 외래종으로 금계국과는 다른 꽃이다. 큰금계국은 여러해살이풀로 꽃이 조금 더 크고, 금계국은 한두해살이풀로 조금 더 작다. 봄꽃이 사라지고 여름

꽃이 몰려오는 5월은 연중 가장 화려한 계절이다. 꽃밭에 털썩 주저앉아 이제 막 터지기 시작하는 꽃봉오리를 눈 가득 들여다보는 즐거움을 누릴 수 있는 것도 바로 이때다.

꽃봉오리에서도 특히 눈길을 사로잡는 것은 꽃싼잎이다. 한자어로는 포엽(苞葉) 또는 총포(總苞)라고도 한다. 이름이야 어찌 되었든 그 역할은 꽃 밑부분을 받치고, 감싸고, 보호하는 것이다. 꽃은 그 안에서 피어난다. 꽃싼잎의 존재감은 국화과 식물에서 더 두드러진다. 이제 막 꽃봉오리가 터지기 시작하는 큰금계국의 꽃싼잎은 이중 구조로 되어 있어 더 눈에 띈다. 바깥 것은 녹색이고 안의 것은 약간 황색이다. 꽃봉오리와 꽃싼잎의 관계는 지극히 상대적이다. 어린 꽃봉오리 시절엔 꽃싼잎이 훨씬 커 보이고 존재감이 뚜렷하다. 그러나 꽃봉오리가 부풀어 오르고 서서히 열리기 시작하면 꽃싼잎은 꽃 그늘 뒤로 숨어든다. 마침내 큰금계국 꽃이 만개할 무렵이면 꽃싼잎은 더 이상 눈에 띄지 않는다. 제 역할을 다한 그들은 꽃그늘에 이내 묻혀버린다. 큰금계국이 절정을 이루는 가정의 달 5월은 큰금계국의 꽃싼잎을 들여다보며 '내 인생의 꽃싼잎'들에 감사와 존경의 마음을 전하는 달이기도 하다.

큰금계국과 사촌지간인 들꽃이 기생초다. 기생초는 국화과의 한해살이풀이다. 북아메리카에서 관상용으로 들여온 것이 전국으로 퍼져 야생화되었다. 키는 1미터까지 자란다. 기생꽃은 춤추는 기생들의 치맛자락 같다고 해서 붙인 이름이다. 가는잎금계국, 애기금계국 등으로도 불리는데 그만큼 금계국과 많이 닮았다는 의미일 것이다.

금계국과 비교하자면 기생초가 훨씬 꽃색이 화려하다. 북한에서는 금계국을 각시꽃이라고 한다는데 내 생각에는 금계국보다 훨씬 화려한 기생초에 오

큰금계국 꽃과 꽃싼잎(탑골공원, 2020.5.19.)
꽃봉오리 시절엔 꽃싼잎이 훨씬 커 보이고 존재감이 뚜렷하지만, 꽃이 활짝 피면 꽃싼잎은 꽃 그늘 뒤로 숨어들어 보이지 않는다.

히려 각시꽃이라는 이름을 붙여야 더 잘 어울릴 것 같다. 물론 큰금계국과는 달리 금계국도 기생초 비슷하게 붉은색 무늬가 가운데 살짝 있긴 하다.

국화과 식물의 꽃은 대부분 바깥쪽의 혀꽃과 안쪽의 대롱꽃으로 구성되어 있다. 혀꽃이 대롱꽃을 둥글게 둘러싼 형태다. 혀꽃은 보통 포라고 불리는데 꽃잎이 합쳐져 하나의 꽃잎처럼 보인다. 이는 곤충을 유혹하는 역할을 하는 것으로, 대롱꽃을 구성하는 꽃들이 너무 작아 눈에 잘 띄지 않아 이런 전략이 필요한 것이다. 혀꽃의 색은 주변은 노랗고 가운데는 강렬한 붉은색이다. 바로 이 붉은색 부분이 기생초의 특징적 이미지이기도 하다. 가운데 대롱꽃

기생초(탄천, 2020.7.1.)
큰금계국과는 사촌지간인 들꽃이다.

부분은 더 짙은 적갈색이라 이미지가 더욱 강하다.

기생초는 두상꽃차례에 해당한다. 여러 꽃이 모인 꽃이삭이 하나의 머리 모양을 이루어 마치 한 송이처럼 보인다. 국화과 식물의 특징이다. 두상꽃차례에서는 꽃이 바깥쪽에서부터 피기 시작해서 안쪽으로 피어 들어간다. 큰금계국이든 기생초든 국화과 들꽃을 가장 많이 찾아오는 곤충이 하나 있다. 바로 꽃등에다. 꽃등에 중 가장 많이 보이는 것이 호리꽃등에다.

호리꽃등에

꽃등에는 파리목 꽃등에과의 곤충이다. 얼핏 보면 생긴 모양이 꿀벌을 닮았지만 파리의 한 종이다. 생김새가 꿀벌을 닮은 데에는 다 이유가 있다. 천적으로부터 자신을 보호하기 위한 위장막이다. 이른바 생물학적 의태(擬態, 짓시늉, mimicry)다.

지구상에는 6,000여 종, 우리나라는 52여 종의 꽃등에가 있는데 그중에서 가장 많이 보이는 것이 호리꽃등에로, 이름 그대로 몸이 호리호리한 것이 특징이다. 꽃에서 꽃으로 날아다니기 때문에 떠돌이파리(hover fly), 수벌을 닮

큰금계국 꽃과 호리꽃등에(탑골공원, 2020.5.19.)
큰금계국을 찾아오는 꽃등에 대부분은 호리꽃등에다.

았다고 해서 드론플라이(drone fly), 꽃에 날아든다고 해서 플라워플라이(flower fly)라고도 한다. 크기는 1.5센티미터 정도로 아주 작은데 작은 몸의 대부분을 차지하는 건 바로 갈색의 겹눈이다. 이 왕눈으로 용케 알아보고 흰색이나 노란색 꽃을 유독 즐겨 찾아다닌다.

꽃등에는 꽃에 날아들 때는 정지비행을 하기도 하고, 꽃에 앉으면 상당히 오랫동안 움직임이 없어 사진 촬영이 수월한 곤충이기도 하다. 엉겅퀴, 고들빼기, 큰금계국 꽃을 찍을 때 가장 자주 마주치는 곤충이 바로 꽃등에다.

파리풀에 집착하는 나나니등에

파리풀은 정확하게 말하면 파리를 잡는 풀이다. 파리풀의 뿌리를 짓이긴 즙은 파리를 잡는 '독약'이 된다. 흥미로운 것은 파리풀은 단일 과 단일 속의 들꽃이라는 점이다. 즉 파리풀과 비슷하게나마 생긴 풀은 지구상 그 어디에도 없다는 뜻이다. 파리풀이 지리적으로 아시아 대륙과 북아메리카 대륙에 폭넓게 분포하는 것에 비추어 보면 이는 경이롭기까지 하다.

파리풀이 아시아와 북아메리카에 산다는 것은 식물학적으로 매우 중요한 의미를 지닌다. 파리풀은 생물지리학적으로 '대륙 간 격리 분포'로 유명해진 풀이다. 즉 같은 종이지만 멀리 떨어진 서로 다른 대륙에 동시에 분포한다는 것이다. 이러한 격리 분포에 결정적 역할을 한 것이 바로 베링해협이다. 약 360만~520만 년 전 아시아에서 살던 파리풀이 베링해협을 건너 북아메리카로 이주한 것으로 알려졌다. 이 시기는 지구상에 가장 최근에 도래한 범지구적 규모의 빙하기와도 겹친다. 어쨌든 이 시기에는 아직 북아메리카에 원주민이 살고 있지 않았다. 북아메리카에 아시아의 호모사피엔스가 건너간 것은 그로부터 훨씬 뒤인, 지금으로부터 겨우 1만 년 전의 일이다.

아메리카 원주민은 아시아에 살면서 익힌 '파리풀을 이용한 파리 잡는 기술'을 북아메리카에 가서도 그대로 활용했을 것으로 추측된다. 그들이 건너가기 전에 이미 많은 파리풀이 북아메리카 대륙에 퍼져 살고 있었기 때문이다. 파리풀은 우리 한반도에서도 여름철이면 흔히 볼 수 있는 들꽃 중 하나다. 북아메리카로 건너간 파리풀의 선조인 셈이다. 파리풀을 들여다보고 있으면 유난히 이 꽃을 즐겨 찾아 날아드는 곤충이 눈에 띈다. 바로 나나니등에다.

파리풀(밤골계곡, 2020.8.18.)
파리를 잡는 독약으로 이용되는 들꽃이다.

나나니등에

나나니등에는 파리목 재니등에과의 곤충이다. 몸이 길고 가늘어 그 모습이 마치 나나니벌과 비슷하다고 해서 붙인 이름이다. 크기는 1.5~2센티미터 정도다. 등에류 중에 큰 편에 속한다. 날아다니는 모습을 보면 마치 커다란 왕모기처럼 보이기도 한다. 나도 몇 번이나 속았다. 이 녀석의 가장 두드러진 특징은 바로 거대한 겹눈과 긴 뒷다리이다. 겹눈이 얼마나 큼지막한지 가슴 폭보다 머리 폭이 더 넓어 보인다.

뒷다리는 상상을 초월할 정도로 긴데, 왜 그렇게 긴 다리가 필요한지 잘

파리풀과 나나니등에(밤골계곡, 2020.8.18.)
짝짓기하면서 파리풀의 꿀을 열심히 빠는 나나니등에의 기술은 묘기에 가깝다.

모르겠다. 그런데 녀석이 파리풀이나 쥐꼬리망초에 머리를 파묻고 꿀을 빠는 자세를 보면 살짝 이해되기도 한다. 파리풀이나 쥐꼬리망초의 꽃 크기는 좀 과장하자면 나나니등에의 머리 크기 정도다. 그러니 이 작은 꽃들에 올라앉아 안정적인 자세로 꿀을 빨려면 꽃대 아래쪽으로 마치 사다리처럼 든든하게 몸을 받쳐줄 뒷다리가 절대적으로 필요해보인다.

이 나나니등에와 아주 비슷한 녀석으로 스즈키나나니등에가 있다. 이 둘은 더듬이와 발목 뼈마디의 색으로 구별한다. 더듬이의 경우 첫 마디가 황색인 것이 나나니등에, 전체가 검은색인 것이 스즈키나나니등에다. 뼈마디의 경우, 종아리마디와 발목마디의 접합부 뼈마디 위쪽으로 뚜렷하게 황색인 것이 나나니등에, 양쪽으로 황색이 희미하게 번지듯이 보이는 것이 스즈키나나니등에다. 정리하면, 나나니등에는 더듬이 첫마디가 황색이고 뼈마디 위쪽이 황색이다. 스즈키나나니등에는 더듬이 전체가 검은색이고 뼈마디 양쪽이 희미한 황색이다.

이 기준을 적용하면 파리풀에서 내가 만난 녀석은 정확히 나나니등에다. 녀석은 뭐가 그리 바쁜지 잠시도 차분하게 꽃에 앉아 있지를 않는다. 그만큼 셔터를 누르는 내 손가락도 바쁘기만 하지, 좀처럼 결정적인 순간이 찾아오지 않는다. 그 와중에 커플 나나니등에도 있었는데 바쁜 건 이 둘도 마찬가지다.

댕댕이덩굴과 찔레털거위벌레

댕댕이덩굴은 줄기를 공예용으로 사용할 만큼 질기고 튼튼한 덩굴식물이다. 우리말 '댕댕하다'는 '누를 수 없을 정도로 단단하다', '힘이나 세도 따위가 크고 단단하다'는 뜻으로도 쓰인다. 머리가 아플 때 머리를 동이는 데 쓰는 천도 '댕댕이'였다. 한편 댕댕이덩굴의 옛 한글 이름 중 하나가 '곳비돗조'인데 이는 고삐넝쿨로 해석된다.

시골에서 한두 마리씩 소를 키우는 집에서는 소를 다루는 데 필수 도구인 고삐를 만드는 게 중요한 과제 중 하나였고, 댕댕이덩굴은 천연의 훌륭한 재료로 쓰였다. 단단하고 질긴 성질 때문이다. 가는 줄기는 바구니를 엮는 데 제격이다. 대표적인 덩굴식물인 칡과 등나무가 단단히 얽혀 있다는 데서 비롯된 말이 갈등(葛藤)으로, 일본에서는 댕댕이덩굴에 청갈등(靑葛藤)이라는 이름을 붙여주었다. 이 댕댕이덩굴만큼 강하게 꼬여 있는 덩굴식물도 찾기 어려울 듯하다.

댕댕이덩굴은 새모래덩굴과의 목본성 덩굴식물이다. 촉촉하게 젖은 땅에 뿌리를 내리고 줄기와 잎은 밝은 햇빛을 좇아 뻗어나가는 습성이 있다. 댕댕이

댕댕이덩굴(포은정몽주선생묘역, 2020.11.2.)

댕댕이덩굴 열매(포은정몽주선생묘역, 2020.10.14.)

덩굴은 암수딴그루인데 6~8월에 피는 황백색의 작은 꽃은 수꽃이나 암꽃이나 그 존재감이 미미하지만 가을이 되면 이야기가 달라진다. 가을이 무르익는 10월쯤 되면 암덩굴에서 마치 포도송이 같은 군청색 열매가 탐스럽게 열려 주변 야생동물을 불러들인다. 여기에는 찔레털거위벌레도 끼어 있다.

찔레털거위벌레

찔레털거위벌레는 딱정벌레목 주둥이거위벌레과의 곤충이다. 몸길이는 4밀리미터 정도로 아주 작다. 이름대로 찔레나무를 비롯해 장미, 해당화 등을 즐겨 찾지만 댕댕이덩굴에서도 심심치 않게 관찰된다. 몸 색은 잘 익은 댕댕이 열매와 비슷한 어두운 청람색으로 몸 전체가 흰색 털로 덮여 있다. 찔레털거위벌레의 정상적인 출현 시기는 대개 5~7월로 알려졌는데 내가 이 녀석을 만난 것은 10월 중순이니 가을의 한가운데다. 늦둥이도 한참 늦둥이다. 먹을 게 별로 없는 시기에 점점 탐스럽게 익어가는 댕댕이덩굴 열매에 이끌려 온 게 분명하다. 찔레털거위벌레에게 댕댕이 열매는 소중한 비상식량인 셈이다.

찔레털거위벌레(포은정몽주선생묘역, 2020.10.14.)

미국쑥부쟁이와 검은다리실베짱이

쑥부쟁이는 쑥과 부쟁이를 합친 말이다. 잎과 줄기가 쑥을 닮았고 부지깽이처럼 긴 막대기 모양으로 자란다는 뜻이다. 흔히 들국화의 하나로 불리는 쑥부쟁이류 중 우리 주변에서 가장 눈에 많이 띄는 것은 미국쑥부쟁이, 가는쑥부쟁이, 가새쑥부쟁이 등이며, 정작 쑥부쟁이는 주변에서 찾아보기 힘들다. 미국쑥부쟁이 같은 강력한 경쟁자에 밀려서 그리되었을 수도 있다.

미국쑥부쟁이는 북아메리카에서 1970년대 이후 들어온 외래종으로, 귀화 나이로 보면 아주 젊은 축에 속한다. 처음에 발견된 곳이 춘천 의암호 중도였다고 해서 처음엔 중도국화라 했고, 잎과 줄기에 털이 많아 털쑥부쟁이라고도 한다. 미국쑥부쟁이는 9~10월에 대부분 흰색 꽃을 피운다. 이는 쑥부쟁이를 비롯한 대부분의 쑥부쟁이류가 연한 자주색 꽃을 피우는 것과 대비된다. 꽃의 크기도 쑥부쟁이보다 훨씬 작다. 이는 둘의 족보가 서로 다르다는 뜻이다.

식물학적으로 쑥부쟁이는 칼리메리스속(*Kalimeris*), 미국쑥부쟁이는 아스터속(*Aster*)으로 분류해 놓고 있다. 우리가 보통 말하는 들국화는 큰 범주에서 보면 국화과 식물 중 칼리메리스속, 아스터속, 국화속 등에 속한 식물들을 통틀어 지칭한다고도 볼 수 있다.

미국쑥부쟁이의 줄기잎은 매우 가늘고 길쭉한데 줄기 위쪽으로 갈수록 더 가늘어진다. 아래쪽 줄기는 단단하게 목질화되어 있어 똑바로 서지만 위쪽 줄기는 상대적으로 연약하여 그 가지 끝에 모여 피는 꽃들의 무게로 인해 아래로 처지는 특성을 보인다.

흥미로운 점은 줄기가 옆으로 눕거나 늘어지는 것과 관계없이 여기에 매달린 꽃들은 대부분 똑바로 하늘을 향해 피어 있다는 것이다. 이는 오랜 세월 동안 꽃들이 이 줄기 특성에 적응한 결과일 수도 있겠다는 생각이 든다. 이런

미국쑥부쟁이(탄천, 2020.9.27.)
연약한 줄기 끝에서 자잘한 흰색 꽃들이 모여 핀다.

줄기의 구조적 특성에 따라 미국쑥부쟁이는 전체적으로 대개 옆으로 비스듬히 누워 있는 듯한 느낌을 준다. 멀리서 보면 마치 하나의 커다란 덩굴 꽃처럼 보이는 것도 이런 이유다. 미국쑥부쟁이를 그 많은 들국화 무리에서 골라내는 데는 '직관적 감성'이 더 필요할지도 모르겠다.

가는쑥부쟁이는 다른 쑥부쟁이류보다 잎이 좁고 가늘고 밋밋하다고 해서 붙인 이름이다. 물론 '가는 잎'만 놓고 보면 미국쑥부쟁이를 따라갈 수는 없지만 이런 특성은 그 많은 쑥부쟁이 속에서 가는쑥부쟁이를 골라낼 수 있는 주요 단서가 된다. 종소명의 인테그리폴리아(*integrifolia*)도 바로 이런 뜻을 담고 있다. 가는쑥부쟁이는 보통 8~9월에 여느 쑥부쟁이류처럼 연한 자주색 꽃이 피는데 그 크기는 보통 쑥부쟁이보다 작아서 지름이 2센티미터 정도다. 결국 '가는 잎 작은 꽃'이 이 녀석의 정체성인 셈이다.

비슷한 종으로 가새쑥부쟁이가 있다. 이름 그대로 잎 모양이 날카로운 가새를 닮았다고 하니 잎만 달려 있으면 둘을 구별하는 것이 어렵지는 않을 것 같다. 그러나 사실 가새쑥부쟁이의 잎은 가새 모양이라기보다 굵은 톱니 모양에 가깝다. 가새쑥부쟁이보다 잎이 더 깊이 갈라진 버드쟁이나물이 오히려 가새를 닮은 듯하다.

가새는 가위의 지방어다. 어릴 적 강원도에서 가위를 가새라 불렀다. 전통적으로 남한에서는 서울과 제주만 빼고 가새라는 말이 두루 쓰였다. 지방의 가새가 서울의 가위에 밀려 비록 표준어가 되지는 못했지만 '또 다른 표준'이 되어 그 이름을 보존하고 있다.

그런데 흥미로운 것은 가는쑥부쟁이의 '밋밋한 잎' 중에는 간혹 가새쑥부쟁이의 그 '날카로운 잎'이 섞여 있고 또 그 반대인 경우도 있다니 식물의 진화는 여전히 현재진행형이다. 그것도 생각보다 속도가 빠르다. 그만큼 식물에 걸맞은 이름표를 달아주기가 어렵다는 뜻이다. 이렇듯 '생물학적 규칙'을 딱히 정해놓기가 어렵다는 점을 들어 "생물학은 과학이 아니다"라고까지 말한 생물학자도 있다.

가새쑥부쟁이(포은정몽주선생묘역, 2020.10.30.)
잎 모양이 가새(가위) 또는 굵은 톱니를 닮았다.

가새쑥부쟁이는 지름 3센티미터 정도의 큼직한 꽃이 7~10월에 연한 자주색으로 핀다. 가새쑥부쟁이는 개쑥부쟁이와 함께 우리나라에서는 쑥부쟁이보다 훨씬 폭넓게 분포하는 종이다. 쑥부쟁이 서식지가 주로 남부지방에 국한된 반면, 가새쑥부쟁이는 북부 만주 지역까지를 생활권으로 삼고 있다. 지리적으로는 사람들이 사는 도시나 농촌에서 좀 떨어진 한적한 산비탈 풀밭에서 주로 관찰된다. 그 가새쑥부쟁이 꽃을 2020년 10월 말경 포은정몽주선생묘역 언저리 외딴 풀숲에서 우연히 만났다. 그것도 딱 한 송이다. 그해 거의 마지막 꽃을 피우고 있는 녀석인 듯했다.

가을이 막 시작된 2020년 9월 중순쯤에는 밤골계곡을 산책하면서 미국쑥부쟁이 잎을 열심히 먹고 있는 베짱이 녀석과 눈이 딱 마주쳤다. 자료를 찾아보니 검은다리실베짱이다. 잠시 동작을 멈추고 내 쪽을 주시하기는 했지만 그리 경계하는 눈치는 아니었다. 내가 자신의 천적도 아니고 경쟁자도 아님을 경험적으로 알고 있는 것이 분명했다.

검은다리실베짱이

검은다리실베짱이는 메뚜기목 여치과 실베짱이속의 곤충이다. 그러나 여치와 베짱이는 얼핏 봐서는 구별해내기 쉽지 않다. 여치와 베짱이의 딱 중간 형태도 있어 이를 '여치베짱이속'으로 따로 분류하기도 한다. 그러면 이 둘은 어떻게 구별할까. 일단 몸통이 뚱뚱한 것을 여치, 상대적으로 날씬한 것을 베짱이로 보면 크게 틀리지 않다. 여치류는 긴날개여치도 있지만 대개 몸통보다 날개가 짧은 데 비해 베짱이는 날개가 몸통보다 훨씬 길다는 점도 특징이다.

검은다리실베짱이는 실베짱이와 함께 베짱이류 중에서도 몸매가 특히 더 날씬하다. 베짱이류는 대개 육식성으로 다른 곤충을 잡아먹고 사는데 실베짱이류는 초식성으로 식물의 잎이나 꽃가루를 즐겨 먹는다. 이런 먹이 습성이 몸매에 영향을 주었을지도 모르겠다.

검은다리실베짱이는 검은색 다리와 검은색 더듬이로 실베짱이와 구별된다. 다리는 전체가 검은색이 아니고, 종아리마디가 부분적으로 검은색이다. 검은색 더듬이에는 일정한 간격으로 흰색 고리 무늬가 있다. 몸은 진녹색이고 날개를 비롯해 온몸에 마치 주근깨처럼 작은 검은색 점들이 다닥다닥 박혀 있는 것도 인상적이다. 꽤나 개성이 강한 녀석이다.

베짱이라는 이름은 그 울음소리가 베를 짜는 베틀 소리와 같다고 해서 붙인 것이다. 중국에서 사용하는 직조충(織造蟲)도 같은 의미다. 이런 뜻에서 우리 선조들은 베짱이를 '일 년 내내 베를 짜는' 아주 부지런한 곤충으로 여겨왔다. 우리 정서상 베짱이는 《이솝 우화》의 〈개미와 베짱이〉에서처럼 여름 내

검은다리실베짱이(밤골계곡, 2020.9.25.)

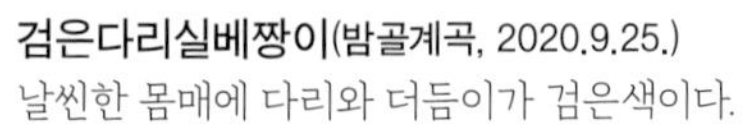

날씬한 몸매에 다리와 더듬이가 검은색이다.

갈색여치 약충(밤골계곡, 2020.8.12.)
여치는 베짱이보다 뚱뚱하다.

내 한가하게 노래만 부르는 게으름뱅이는 아니었다.

원래 《이솝 우화》 속 주인공은 개미와 베짱이가 아니라 개미와 매미였다고 한다. 남부 유럽에서 탄생한 우화가 매미를 볼 수 없는 독일 등 북부 유럽으로 전해지는 과정에서 매미가 여치로 대체된다. 여치 울음소리는 매미에 버금가는 '청량한 울음소리'였기 때문이다. 중국에서는 여치를 길러 그 울음소리로 시합을 하기도 했단다.

그런데 프랑스판 우화집에서는 여전히 매미가 등장한다. 이곳이 생물지리학적으로 하나의 경계 지대이기 때문일 수 있다. 결국 유럽의 우화집이 우리나라와 같은 동양권에 소개될 때 어느 나라의 것을 가져왔느냐에 따라 매미

또는 여치가 되었다. 실제로 초기에는 우리나라에서도 매미와 여치가 공존한 시절이 있었다.

그러면 베짱이는 어떻게 된 것일까. 국어연구가 미승우의 연구(범우사, 〈책과 인생〉 9월호)에 따르면 해방 직후만 해도 〈개미와 여치〉였던 것이 1960년대 초등학교 교과서에 〈개미와 베짱이〉가 등장하면서 지금까지 이어져오고 있단다. 이는 교과서를 만들 때 참고한 일본 자료의 잘못된 번역에서 비롯되었다는 것이다. 번역, 잘 해야 할 것 같다.

애기똥풀과 먹세줄흰가지나방

4월부터 꽃을 피우기 시작하는 애기똥풀은 5월이면 온 들판이 그들의 세상이 된다. 이런 풍경은 가을까지 계속 이어진다. 애기똥풀은 줄기를 자르면 애기 똥 같은 노란색 액체가 나와서 붙인 이름이다. 이 풀의 또 하나의 특징은 식물체 전체에 솜털이 많다는 점인데 이 역시 아기의 보드라운 솜털을 연상시킨다.

양귀비과의 식물로 씨아똥, 젖풀, 까치다리, 황연, 백굴채 등으로도 불린다. 산야의 여러 들꽃에는 다양한 곤충이 여기저기 기대어 산다. 가을이 한창 무르익은 2020년 10월 어느 날, 애기똥풀 잎에 앉아 있는 먹세줄흰가지나방이 눈에 들어왔다.

애기똥풀(밤골계곡, 2020.5.8.)
식물체 전체에 솜털이 많이 돋아 있다.

먹세줄흰가지나방

먹세줄흰가지나방은 나비목 자나방과의 곤충이다. 나방은 나비목 중 나비를 제외한 모든 곤충을 말한다. 세계적으로는 18만 종이나 분포하고 한국에만도 1,500종 정도가 기록되어 있다. 먹세줄흰가지나방은 흰색 날개에 암갈색 줄무늬가 세 줄 있어 붙인 이름이다. 자나방류는 전체적으로 가늘고 긴 몸통에 비해 날개가 큰 것이 특징이다. 이 녀석들은 앉아 있을 때 날개를 접어 세우지 않고 옆으로 쫙 펼치는 습성이 있어 가냘픈 몸매가 드러나지 않는다. 아니면 의도적인 '은폐'일 수도 있다.

내가 만난 먹세줄흰가지나방도 어디가 몸통이고, 어디가 머리인지 한참

먹세줄흰가지나방(밤골계곡, 2020.10.11.)
얼핏 봐서는 어디가 몸통이고 어디가 머리인지 알 수가 없다.

을 요리조리 들여다봐야 했다. 흥미롭게도 우리가 흔히 자벌레라 부르던 녀석들이 바로 이 자나방의 유충이었다. 자벌레가 자나방으로 변태하는 것이다. 야외에서는 수많은 애벌레를 볼 수 있는데 이들이 과연 어떤 나방으로 변신할지를 가늠하기는 결코 쉽지 않다. 아니, 불가능하다. 그래서 나온 책이 바로 허운홍의 《나방 애벌레 도감》이다. 이 책은 아마추어 생태연구가인 저자가 수백 종에 가까운 나방 애벌레를 채집해 직접 키우면서 어떤 나방으로 태어나는지를 관찰한 결과란다. 야외에서 그 유충과 나방을 대비하여 관찰하기가 거의 불가능하니 이 방법밖에는 없었을 것이다.

자벌레는 그 움직이는 모습이 마치 '자를 재는 것' 같다고 해서 얻은 이름이다. 이는 자벌레가 앞 2~3쌍의 배다리가 퇴화되어 없는 상태에서 몸을 이동하면서 나타나는 특이한 행동이다. 그러면 이 자벌레는 왜 이런 '진화'를 선택했을까? 자벌레는 나뭇가지로 위장해 자신을 보호하는 전략을 펼친다. 아마 배다리 없이 밋밋한 몸통이 더 나뭇가지처럼 보이기 때문일지도 모르겠다.

바디나물과 개미

바디나물이라는 이름을 놓고 보면 나물이야 어린순을 나물로 먹었다니 쉽게 이해되지만, 바디라는 말이 들어가 있는 것은 뭔가 낯설다. 바디의 뜻에 대해서는 두 가지 견해가 있다. 우선 잎집처럼 생긴 총포에서 꽃이 나오는 모습이 베틀, 가마니틀, 방직기 따위에 달린 기구의 하나인 '바디'를 연상시킨다고 보는 것이다. 또 하나는 바디를 '바대'의 옛말과 관련이 있는 것으로 본다. 바대는 '닳아 떨어진 옷 안쪽에 덧대는 헝겊 조각'을 뜻한다. 잎줄기를 따라 흘러내린 바디나물의 잎 모양이 마치 날개처럼 생겼고 이것이 덧댄 헝겊 조각처럼 보인다는 것이다. 바디나물은 전호(前胡) 또는 사향채(蛇香菜)라고도 하는데 이는 한방에서 약용으로 쓰이는 이 식물의 뿌리 이름에서 비롯되었다.

바디나물은 곧게 뻗은 줄기 윗부분에서 가지가 갈라지고 여기에서 꽃대가 나온다. 여름에서 가을로 넘어가는 8~9월에 짙은 자주색 꽃이 피지만 간혹 흰색도 관찰된다. 흰색 꽃은 흰바디나물이라고 해서 따로 구분한다. 바디나물은 전형적인 겹우산형꽃차례(복산형화서複繖形花序)이다. 마치 큰 우산 밑에 작은 우산들이 모여 있는 듯한 모양새다. 큰 우산 꽃대에는 다시 10~20개

바디나물(맹산환경생태학습원, 2020.8.26.)
커다란 꽃봉오리 하나에 마치 3단으로 접힌 듯한 수십 개의 꼬마 우산들이 잔뜩 들어 있다. 바디나물은 전형적인 겹우산형꽃차례다.

의 작은 우산들이 달려 있는데 여기에서 또 각각 20~30송이의 꽃이 피어난다. 마치 불꽃놀이를 할 때 폭죽이 연쇄적으로 터지는 것 같다.

바디나물의 한 포기 속에는 이 들꽃이 보여줄 수 있는 모든 것이 담겨 있다. 동영상의 정지화면을 모아놓은 듯하다. 특히 내 눈을 사로잡은 것은 커다란 꽃봉오리 하나에 한 덩어리로 꽁꽁 뭉쳐 있는 꽃송이들이다. 마치 3단으로 접힌 수십 개의 꼬마 우산들을 이제 막 한꺼번에 펼치려는 듯한 모습이다. 바디나물 한 그루가 하나의 우주다. 아름다움에 경이로움을 더한 소우주다. 하긴 산책길에서 만나는 모든 생명체는 그 하나하나가 작은 우주인 셈이다.

맹산자연생태숲에서 바디나물을 한참 들여다보던 중 한 떼의 진딧물 무리와 이들 사이를 분주히 오가는 개미들이 앵글 속으로 들어왔다. 베르베르의 장편소설 《개미》에 나오는 목축개미가 뇌리에 스치자 자연스럽게 카메라 초점이 개미와 진딧물에게 맞춰진다.

개미와 진딧물

베르나르 베르베르의 《개미》 5권 중 1권에는 진딧물을 키우는 개미 이야기가 나온다. 이른바 목축개미다.

> "안에는 작은 곤충들이 우글우글하다. 도시에서 기르고 있는 진딧물이다……. 수백만 마리의 진딧물들이, 젖소가 풀을 뜯듯, 식물의 즙을 '뜯어먹으면서' 조금씩 조금씩 통통해져 가고 있다……. 거기에서는 유모 개미들이 개미 알을 돌볼 때와 똑같은 정성으로 진딧물 알들을 돌보고 있다."(259쪽)

개미와 진딧물의 공생관계는 잘 알려져 있다. 진딧물은 식물 즙을 빨아먹고 살며, 필요 없는 찌꺼기는 배설한다. 말이 배설물이지 사실은 영양분이 잔뜩 들어 있는 단물이다. 이 달콤한 배설물은 개미의 주요 식량이 된다. 개미는 진딧물을 잡아먹을 수도 있지만 오히려 이들을 잘 보살펴주는 것이 훨씬 이득임을 깨달았다. 무당벌레와 같은 천적에서 진딧물을 보호해주기로 마음먹은 것이다. 그러나 모든 진딧물이 개미의 보호를 받는 것은 아니다. 조릿대납작진딧물은 병정계급이 있어 천적을 스스로 막아낸다고 한다.

그런데 흥미로운 것은 개미와 진딧물이 맺는 계약 시간은 전체의 14퍼센트, 그러니까 하루 총 3시간 30분 정도다. 사람으로 따지면 하루 세끼 식사 시간의 총합이다. 이 시간 동안 공급과 보호가 교차된다. 생각보다 짧다. 그러나 어쩌면 이는 오랜 진화 끝에 얻어진 '황금 비율'인지도 모른다. 생각이 깊은 개미들은 아예 그들의 집으로 진딧물을 데려다 직접 키우면서 식량을 안정적으로 공급받는 전략을 세우기도 한다. 이른바 진딧물 목축이다. 참나무류 껍질

속에 집을 짓고 사는 고동털개미는 제 집의 일부가 진딧물의 먹이가 되니 이보다 효율적인 경제행위는 없다.

그런데 최근 흥미로운 사실이 밝혀졌다. 진딧물은 나무 수액에서 필요한 에너지를 얻지만 그 수액 속에는 근본적으로 진딧물이 살아가는 데 필요한 필수아미노산은 턱없이 부족하다는 것이다. 진딧물은 이를 해결하기 위해 기발한 방법을 찾아냈다. 자신의 꽁무니 부분에 박테리오사이트라는 균세포(세균과 공생하는 기주세포)에서 수백만 마리의 박테리아를 키우는 것이다. 이 박테리아의 DNA에는 진딧물이 수액에서 충분히 공급받지 못하는 필수아미노산을 만들어내는 데 필요한 유전자가 있다고 한다. 이 둘의 드라마틱한 공생관계가 시작된 것이 무려 1억 5천만 년 전에서 2억 5천만 년 전 사이라고 하니 정말 놀라운 일이 아닐 수 없다. 개미가 이 사실을 알고 있는지 모르겠다.

지구상에 사는 개미의 몸무게를 다 합치면 인간의 전체 무게와 거의 같다고 한다. 개미의 역사는 인간의 역사와 비교가 불가능할 정도로 앞서 있다. 인간이 닭을 잡아먹지 않고 달걀을 얻는 쪽으로 생각을 바꾼 것은 어쩌면 개미에게서 배운 지혜인지도 모를 일이다. 따지고 보면 인간의 기술문명은 자연을 모방한 것에 지나지 않는 경우가 정말 많다. 집에서 키우지는 않더라도 개미는 진딧물이 무사히 겨울을 나도록 든든한 집을 지어주기도 한다. 들여다보면 볼수록 신비로운 녀석들이다. 베르베르가 2,000쪽이 훌쩍 넘는 분량의 개미 이야기를 지어낼 수 있었던 데는 다 이유가 있었다.

산책하다 보면 가장 흔하게 눈에 들어오는 것이 바로 개미다. 이 녀석들은 항상 뭔가를 하느라 꼼지락거린다. 한가한 개미는 없다. 하긴 〈개미와 베짱이〉에서 이미 그 바지런함을 공인받지 않았던가. 장마철에 산책을 하다 보면

바디나물의 개미와 진딧물
(맹산환경생태학습원, 2020.8.26.)

장맛비가 잠깐 쉬어가는 틈을 타 개미들이 집수리에 나서는 모습을 쉽게 볼 수 있다. 잠깐 사이에 꽤 높이 흙 알갱이가 쌓이는 걸 보면 정말 신기할 뿐이다. 옆에 주저앉아 코를 바짝 대고 들여다봐도 녀석들은 개의치 않는다. 그냥 분주히 제 할 일만 할 뿐이다.

같은 곤충이라도 대개의 나비는 웬만해서는 사람 곁에 얼씬도 하지 않고 그 느려터진 사마귀조차 가까이 다가가면 일단 경계 태세를 취하는데, 유독 개미만큼은 우리를 철저히 무시한다. 개미를 들여다보고 있노라면 개미의 시간과 나의 시간이 따로 흐르는 것 같다.

궁금하다. 개미 눈에 내가 보일까? 집 짓고 수리하고, 제 몸무게의 몇십 배나 되는 먹거리를 열심히 분해하고 부지런히 땅속으로 끌고 가는 걸 보면 개미의 시력이 결코 나쁘다고 할 수 없다. 호기심을 참지 못한 베르나르 베르베르는 30여 년 동안 개미를 관찰했다. 개미는 인간들을 훨씬 오랫동안 지켜봐 왔을지도 모르겠다. 인간의 역사는 고작 600만 년이지만 개미는 중생대 이후 무려 6000만 년 동안 살아왔으니 말이다. 혹시 아는가, 글솜씨 좋은 개미가 있어 그동안 '인간'이란 제목의 소설을 한 50권쯤 써냈을지. 일개미도 있고 병정개미도 있는데 작가 개미가 없으란 법은 없지 않은가?

갈참나무와 우리목하늘소

우리 동네 숲은 대개 온갖 야생동물의 식량창고인 참나무 차지다. 편리하게 참나무라고 하지만 사실 참나무는 특정한 나무 이름이 아니다. 우리 귀에도 익숙한 떡갈나무, 굴참나무, 상수리나무, 졸참나무, 갈참나무, 신갈나무 등 여섯 가지를 합쳐 정확하게는 참나무류이다. 참나무란 쓰임새가 많은 유용한 나무라는 뜻이며, 이들의 공통점은 모두 도토리 열매가 열린다는 것이다. 그러니 참나무를 도토리가 열리는 나무로 정의해도 큰 무리는 없다.

도토리로 만든 음식은 지금은 별미가 되었지만, 과거 먹거리가 부족했던 시절에는 훌륭한 대체 식량이었다. 참나무류는 봄에 가뭄이 들어야 꽃가루받이가 활발하게 일어나고 도토리가 풍성하게 열린다. 그런데 벼농사는 이와 반대로 봄철에 가뭄이 들면 그해 농사는 흉작이 된다. 도토리가 귀한 구황작물의 하나였던 것은 이러한 두 식물의 생태 특성도 한몫했을 것이다.

참나무 숲은 그 풍부한 열매만큼이나 이에 기대어 사는 생명체가 한둘이 아니다. 참나무류는 종이 많기는 하지만 야생동물 역시 어느 특정한 참나무류를 콕 집어서 좋아하는 것 같지는 않다. 참나무 숲을 주요 생활 터전으로

갈참나무 줄기(밤골계곡, 2021.5.11.)

갈참나무 잎(밤골계곡, 2021.5.11.)

삼고 있는 대표적인 곤충 중 하나가 바로 우리목하늘소다. 2020년 가을이 막 시작되는 9월 초순, 밤골계곡 산책로 수풀에서 그 우리목하늘소가 내 눈에 들어왔다. 그런데 녀석의 보금자리는 참나무 숲이지 이런 길가 수풀이 아니다. 근처 참나무류에서 실수로 떨어졌거나 잠시 땅으로 내려와야 할 급한 일이 생겼는지도 모를 일이다.

우리목하늘소

우리목하늘소는 딱정벌레목 하늘소과의 곤충이다. 한반도에서 발견되는 하늘소만 해도 357종이라는데 그중에서도 가장 흔하게 관찰되는 것이 바로 우리목하늘소다. 주로 갈참나무, 신갈나무, 떡갈나무 같은 참나무류에 기대어 살아간다. 단단한 나무껍질을 갉아 먹고 산란을 위해 나무를 파내려면 턱이 튼튼해야 하는데 하늘소 중에서 이 우리목하늘소는 턱이 상당히 강하고 날카로운 것이 특징이기도 하다.

우리목하늘소의 몸 색은 나무껍질과 아주 비슷한 연한 흑갈색이다. 껍질이 단단한 딱지날개에는 넓은 가로띠 무늬가 있고 그 앞쪽에는 좁쌀 크기의 돌기들이 돋아 있다. 몸 크기는 최대 4센티미터 정도로 하늘소과 중에 제법 덩치가 큰 편에 속한다. 다리 힘도 강해서 돌을 잘 들어 올려 '돌드레'라는 별명도 얻었다. 우리목하늘소는 강인한 외모 덕분에 장수하늘소로 많이 오인한다. 그러나 조금만 관심을 갖고 들여다보면 둘은 쉽게 구별된다. 장수하늘소는 날개 부분이 매끈한 데 비해 우리목하늘소는 대체로 거칠고, 특히 날개 앞부분의 좁쌀 돌기들이 눈에 확 띈다. 덩치도 장수하늘소는 8센티미터 정도이니 비교가 안 된다.

우리목하늘소(밤골계곡, 2020.9.5.)
갈참나무에서 떨어진 것으로 보이는 우리목하늘소가 들꽃 줄기에 매달려 어쩔 줄 모르고 있다.

암컷은 주로 죽은 지 얼마 지나지 않은 참나무류 밑동에 산란을 한다. 숲속에서 우리목하늘소를 만나는 것은 산란을 위해 땅 가까이 내려오거나 나무에 매달려 있다가 실수로 떨어지는 때다. 보통 하늘소 중에는 천적을 만나면 일단 벌렁 드러누워 죽은 척하는 '의사행동(擬似行動)'을 보이는 녀석들이 많다. 내가 만난 우리목하늘소는 좀 예외인 것 같다.

오이꽃과 흰점박이꽃무지

오이는 호박과 함께 대표적인 덩굴식물 중 하나다. 덩굴식물이란 줄기, 잎, 꽃차례(화서) 등의 일부가 변형되어 다른 물체를 감는 형태로 생장하는 식물을 말한다. 이들은 일반적으로 숲 바닥에서 자라기 때문에 빛이 있는 쪽을 향해 교목이나 관목 그리고 인위적인 지지물에 의지해 위로 기어오르는 습성과 능력이 있다.

덩굴식물을 작물로 심을 경우 대개 텃밭 울타리에 바짝 붙여 심는데, 아예 울타리 밖으로 삐죽이 머리를 내미는 녀석들이 많다. 들꽃 산책을 즐기는 나 같은 사람 입장에서는 텃밭 작물을 코앞에서 볼 수 있는 좋은 기회다. 오이 덩굴에서 가장 눈에 띄는 것은 정교하게 다듬어진 듯한 덩굴손이다. 곤충에게 더듬이가 있다면 덩굴식물에겐 덩굴손이 있다. 아주 민감한 촉각 능력을 지닌 생물 기관 중 하나다. 덩굴식물에게 덩굴손은 특화된 무기 중 하나다. 오이나 호박 같은 박과 식물은 덩굴손이 특화된 식물이다.

생물학상 덩굴손은 잎일까, 아니면 줄기일까. 둘 다 맞다. 오이나 호박 등은 잎이, 그리고 포도나 담쟁이덩굴 등은 줄기가 변형된 것이다. 덩굴손은 잎

몸은 없지만 대부분 엽록체가 있어 광합성을 한다. 박과 식물의 덩굴손은 잎 중에서도 특히 턱잎이 변형된 것이다. 턱잎은 잎자루의 아랫부분에 있는 돌출 구조를 말하는데 주로 쌍으로 존재한다. 턱잎(탁엽)은 잎자루(엽병), 잎몸(엽신)과 함께 속씨식물의 잎을 구성하는 3요소 중 하나이지만 뚜렷하게 발달하지 않거나 아예 없는 식물도 많다. 칡덩굴에서는 이 턱잎을 확실하게 관찰할 수 있다.

덩굴손의 감지력은 사람의 촉각 못지않거나 그보다 훨씬 더 민감하다. 덩굴손이 어떤 물체에 닿는 순간 스스로 감기는 것은 덩굴손의 한쪽과 다른 쪽의 성장 속도가 다르기 때문이다. 이렇게 접촉 자극에 대해 식물의 생장이 일어나는 반응을 굴촉성(屈觸性)이라고 한다. 덩굴손에는 유난히 빼곡한 잔털들을 볼 수 있는데 이는 외부의 물체를 감지해서 휘감기를 활성화하는 기능을 담당한다. 덩굴손이 어떤 물체를 만나 한 바퀴 감싸는 데 약 1시간 30분이 걸린다고 한다. 덩굴손 중에 마치 전화기 선처럼 돌돌 말린 것들을 볼 수 있다. 이는 강한 바람이 불 때도 끊어지지 않게 유연성을 유지해준다. 우리 인간이 덩굴손의 지혜를 빌려온 것이 바로 스프링이다.

오이는 마치 용수철처럼 생긴 덩굴손들을 이용해 끊임없이 가지를 뻗는다. 그런 넝쿨 사이로 새끼손가락만 한 열매 하나가 눈에 띈다. 호박처럼 암꽃 밑에 열매가 달려 있다. 오이는 열매에 잔 가시들이 돋아 있는 것이 특징이다. 이런 가시는 어린 열매 시절부터 달고 있으며, 작은 열매에는 그 가시들이 더 도드라져 보인다.

샛노란 오이꽃은 같은 박과 식물인 수세미꽃보다 조금 작고 호박꽃보다는 훨씬 작다. 그 자그마한 오이꽃에 다양한 곤충이 날아든다. 흰점박이꽃무지,

오이 덩굴손(밤골계곡, 2020.8.10.)
오이는 잎이 변형된 용수철 같은 덩굴손을 여기저기 뻗어 끊임없이 세력을 넓힌다.

톱다리개미허리노린재와 이름 모를 벌과 풍뎅이들이 오이밭으로 몰려들고 호시탐탐 이들을 노리는 사마귀도 오이 잎 위에서 숨을 죽이고 기회를 엿본다. 숲속에서 벌어지는 한 편의 드라마다.

흰점박이꽃무지

흰점박이꽃무지는 딱정벌레목 꽃무지과의 곤충이다. 생긴 모양은 영락없는 풍뎅이인데 이름만 들어서는 풍뎅이가 떠오르지 않는다. 꽃무지는 '꽃에 잘 모이는 풍뎅이'라는 뜻으로 지은 이름이며 그 이름답게 꽃가루를 즐겨 먹는다. 그러나 흰점박이꽃무지는 식성이 조금 달라서 꽃보다는 나뭇진이나 열매를 더 즐긴다고 한다.

흰점박이꽃무지는 20밀리미터 내외로 비교적 덩치가 큰 편이다. 몸 색은 보통 녹갈색이나 구릿빛을 띠지만 붉은색 등 다양한 변이종이 관찰되기도 한

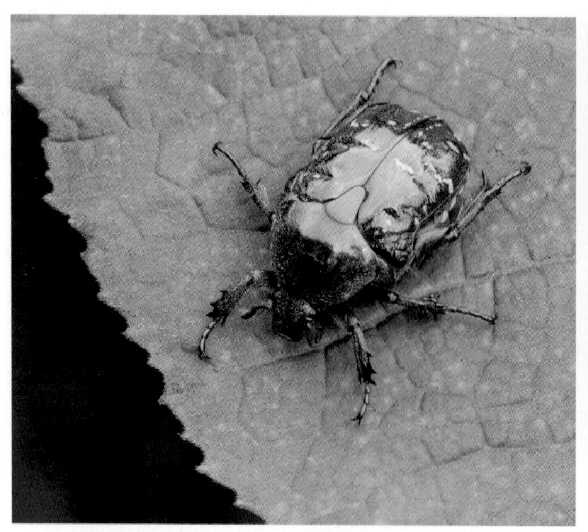

오이 잎에 앉아 있는 흰점박이꽃무지
(밤골계곡, 2020.8.4.)

오이꽃을 찾은 톱다리개미허리노린재
(밤골계곡, 2020.8.10.)

다. 딱지날개에 불규칙한 흰색 점무늬가 찍혀 있는 것이 특징이다. 이 곤충의 유충은 퇴비 등 썩은 식물질을 먹고 사는데 《동의보감》에서 전통 약재로 소개된 굼벵이가 바로 이 녀석이다. 굼벵이는 주로 풍뎅이상과(딱정벌레목)에 속하는 곤충의 애벌레를 일컫는 것으로, 그 굼벵이 중에서 전통 약재로 쓰이는 굼벵이는 흰점박이꽃무지 유충이 유일하다. 자연 상태에서는 시골 초가지붕 밑에서 주로 발견된다. 이 굼벵이는 미래의 먹거리로도 주목받는 곤충 중 하나다. 2014년 식품의약품안전처로부터 한시적 식품 원료로 인정받은 후 2016년 안정성 평가를 거쳐 공식적으로 일반식품 원료로 등록되었다. 현재 '꽃벵이'라는 이름으로 상품이 생산되어 소비자들에게 판매되고 있다.

호박꽃과 사마귀

"호박이 넝쿨째 굴러 들어온다"는 말이 있다. 뜻밖의 횡재를 했다는 뜻이다. 호박을 가만히 들여다보면 그럴만하다. 호박은 열매, 씨, 줄기, 잎, 꽃 등 버릴 게 하나도 없다. 뿌리만 빼고 다 먹는다. 한국인이 가장 좋아하는 된장찌개를 비롯한 우리 고유 음식에서 호박이 빠진다는 건 상상할 수도 없다. 우산이 귀하던 시절에 갑자기 쏟아지는 소나기를 만나면 큼지막한 호박잎 한두 장만 엮어 덮어쓰면 그만이었다.

우리 속담에 가장 많이 쓰인 식물 중 하나도 바로 이 호박이다. "호박씨 까다", "호박에 말뚝 박기", "호박잎에 청개구리 뛰어오르듯" 등이 대표적인 예이다. 그러면 우리는 왜 이렇게 호박과 친해졌을까? 일단 키우기가 쉽다. 장소도 가리지 않는다. 적당한 크기의 구덩이를 판 다음 씨앗 몇 알을 묻어놓고 뒷간이나 닭장에서 퍼온 거름 한 바가지만 부어주면 여름 내내 알아서 잘 크고 열매도 풍성하게 열렸다.

어린 시절 호박꽃이 한창 피는 여름철이면 우리에게 새로운 장난감이 하나 더 생겼다. 호박꽃 벌초롱 만들기다. 호박꽃은 큼지막한 데다 깊숙한 곳에 꿀샘이 있어 꿀벌이 한참이나 기어 들어가야 한다. 이 틈을 노려 꽃잎을 슬쩍 모아 쥐면 벌은 꼼짝없이 호박꽃 속에 갇힌다. 그러면 얼른 그 호박꽃을 따서는 한참을 갇힌 벌과 친구가 되어 함께 놀았다. 살짝 꽃을 벌려 들여다보기도 하고 귀에 대고 윙윙 날갯짓 하는 소리를 듣기도 했다. 그러다 싫증이 나면 슬그머니 놓아주고 다른 놀잇거리를 찾았다. 벌과 놀고는 싶은데 벌에 쏘이는 게 무서울 때는 호박꽃 초롱을 이용하면 그만이었다.

그런데 알고 보니 모든 벌이 쏘는 것이 아니었다. 수벌은 쏘지 않고 암벌만 쏜다. 암벌의 침은 알을 낳는 산란관이 변한 것이므로 산란관이 없는 수벌에게는 침이 없다. 물론 침이 없는 수벌도 겁을 주려고 쏘는 흉내를 낸다고 한다. 그래서 생태학습장에서는 화분매개 곤충으로 뒤영벌을 사육할 때 여분으로 생긴 '쏘지 않는' 수벌을 학습용으로 풀어놓는다.

호박꽃 벌초롱 놀이를 할 수 있었던 것은 '통꽃'이라는 호박꽃의 식물학적 특징 때문이다. 꽃은 보통 꽃잎의 구조를 기준으로 꽃잎이 여럿으로 갈라진 갈래꽃과 하나로 된 통꽃으로 구분한다. 통꽃의 경우 나팔꽃처럼 전체가 하나로 붙어 있는 것도 있지만 호박꽃처럼 위쪽은 살짝 갈라져 있지만 아래쪽이 합쳐진 통꽃도 있다.

호박꽃은 위쪽이 적당히 갈라져 있어 손으로 감싸기 좋고 아래쪽은 통으로 되어 있어 단박에 벌을 가두기에 안성맞춤이다. 우리의 장난감이 되어준 호박꽃은 수꽃이었다. 호박꽃은 열매가 달리는 암꽃과 그렇지 않은 수꽃이 확연히 구별되기 때문에 수꽃 몇 송이 따내서 놀잇감으로 삼는다고 해도 큰일 날 일은 아니었다.

아동문학가 강소천(1915~1963)은 동시 〈호박꽃 초롱〉에서 반딧불이를 잡아다 아기 초롱을 만들어 주자고 노래했다. 초롱은 사전적 의미로 '등롱 중 하나로 초를 넣어 불을 밝히는 휴대용 등'이다. 초가 귀했던 시절에는 기름 등잔을 넣은 기름 등롱이 주로 쓰였다. 그 기름조차 없던 시절엔 정말 호박꽃에 반딧불이를 넣어 길을 밝혔을지도 모른다.

호박은 같은 박과 식물인 오이와 함께 대표적인 덩굴식물이다. 이들의 덩굴손은 꽃이 지고 열매가 성장하는 과정에서 특별하고도 주요한 기능을 수행한다. 무거운 열매가 아래로 처지지 않도록 덩굴을 아주 강하게 붙잡아주는 것이다. 덩굴손 하나는 무려 500그램의 무게까지 감당한다고 한다.

호박 덩굴을 들여다보면 하나의 줄기 마디에서 호박잎, 호박 열매, 호박 덩굴손이 함께 자라나는 것을 볼 수 있다. 호박의 덩굴손은 처음에는 구별이 잘 되지 않지만 점점 자라면서 2~4갈래로 갈라지는 것이 보통이다. 어떤 자

호박 덩굴손(밤골계곡, 2020.8.20.)
덩굴손 하나는 무려 500그램의 무게까지 감당한다.

호박(밤골계곡, 2020.7.29.)
하나의 줄기 마디에서 호박잎, 호박 열매, 호박 덩굴손이 함께 자란다.

료에는 덩굴손이 3개 있는 마디에는 수꽃이, 4개가 있는 곳에는 암꽃이 핀다고 되어 있는데 실제 잘 관찰해보니 꼭 그런 것은 아니다. 어쨌든 바로 옆에서 뻗어 나온 덩굴손이 점점 커가는 호박 열매가 처지지 않도록 든든하게 받쳐주는 것만은 사실이다.

여름이 무르익어가는 어느 날부터인가 사마귀 몇 마리가 큼지막한 호박잎 안쪽에 터를 잡고 있는 것이 눈에 들어왔다. 그것도 사마귀, 넓적배사마귀, 갈색넓적배사마귀 등 다양하기만 하다. 호박꽃 감상도 차츰 지루해질 즈음 때맞춰 찾아온 반가운 자연 친구다.

사마귀

사마귀는 사마귀목 사마귀과의 곤충인데 바퀴목으로 분류한 자료도 있다. 8센티미터 정도의 크기에 몸은 녹색이나 갈색을 띤다. 전체적으로 몸이 가늘고 길며, 배는 살짝 통통한 편이다. 이보다 몸길이가 9센티미터 정도로 큰 녀석을 왕사마귀로 구분하고 있으나 쉽게 구별되지는 않는다.

사마귀 몸체에서 가장 돋보이는 것은 낫처럼 생긴 길쭉하고 큼지막한 앞다리다. 이 앞다리가 바로 사마귀가 먹이 사냥을 위해 특화한 대표적인 신체 무기다. 주둥이는 삼각형으로 뾰족한 편이고 턱도 날카로워 앞다리로 움켜잡은 곤충을 잘근잘근 씹어 삼킬 수 있다.

사마귀는 여름부터 가을까지 대부분의 곤충을 잡아먹고 산다. 톱날 모양의 가시가 돋친 앞다리는 평상시에는 낫처럼 접고 있다가 기회가 오면 순간적으로 먹이를 낚아챈다. 그 속도는 1000분의 1초 정도라니 둔하게만 보이는 그 몸에서 어떻게 그런 속도를 내는지 정말 신기하다. 말이 1000분의 1초이지 카

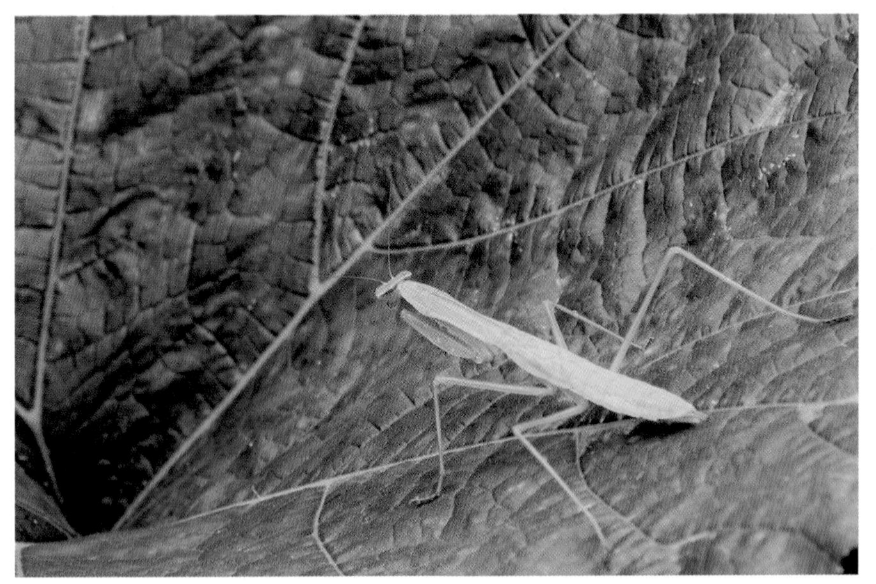

사마귀(밤골계곡, 2020.8.4.)
사마귀는 먹잇감이 사정권에 들어올 때까지 몇십 분을 꼼짝도 하지 않고 기다린다.

메라에서 이 속도로 눌러보면 얼마나 빠른지 바로 알아차릴 수 있다. 잘 관찰해보면 사실 사마귀는 둔해 보이는 것처럼 보일 뿐이다. 몇십 분 동안 몸은 꼼짝도 하지 않지만 머리, 눈, 더듬이는 쉴 새 없이 움직이면서 먹잇감을 노리는 것을 알 수 있다.

머리는 180도 뒤까지 돌릴 수 있는데 이는 개구리 같은 천적으로부터 자신을 보호하기 위함일 것이다. 사마귀의 속성 중에서 가장 널리 알려진 것이 짝짓기를 한 후 암컷이 수컷을 잡아먹는 행위인데, 이런 것을 보면 정말 알다가도 모를 것이 '자연의 이치'인 것 같다.

넓적배사마귀

몸길이는 최대 7센티미터 정도이며 주로 녹색이지만 간혹 갈색넓적배사마귀도 관찰된다. 일반적인 사마귀류보다 몸길이에 비해 머리와 앞다리가 크고 몸체는 짧고 통통하다는 느낌을 준다. 앞다리에 좁쌀만 한 크기의 황백색 돌기가 있는 것이 특징이다.

어느 무더운 여름날 오후, 밤골계곡 산책로 호박잎 그늘에서 만난 사마귀 한 마리가 아주 묘한 자세를 취하고 있었다. 배를 위쪽으로 한껏 들어 올려 거의 수직으로 세우고 있는 것이다. 알고 보니 바로 넓적배사마귀의 어린 약충의 습성이란다. 내 눈에 이런 습성은 정말 별나게 보인다. 천적의 눈에도 훨씬 잘 띌 텐데 왜 굳이 그런 몸짓을 선택했는지 정말 궁금하다.

또 한편으로 생각하면 오히려 이런 행동이 몸집을 더 크고 위협적으로 보이게 해 스스로를 보호하기 위한 장치가 아닐까 하는 생각도 든다. 그 기묘한 자세가 재미있어 한참을 들여다보며 열심히 사진을 찍었다.

그때 더 흥미로운 사실을 하나 발견했다. 옆, 뒤 그리고 위로 방향을 바꾸는 나를 따라 이 녀석의 '까만 눈동자'가 나를 계속 주시하고 쫓아오는 게 아닌가. 아니, '째려본다'는 표현이 더 적절하다. 사마귀는 양쪽으로 툭 튀어나온 큼지막한 겹눈 두 개와 더듬이 사이에 삼각형 모양으로 배치된 작은 홑눈이 세 개 있다. 곤충의 특징이다. 그런데 나를 노려보는 듯한 그 좁쌀만 한 '눈동자'가 두 개의 겹눈에 정확하게 하나씩 찍혀 있는 것이다. 물론 겹눈은 수백 개 또는 수만 개의 낱눈이 벌집 모양으로 모여 있는 것이니 과학적으로 이 까만 점이 결코 눈동자일 수는 없다. 그렇다면 눈동자처럼 보이는 이 '까만 점'의 정체는 도대체 무엇일까? 자료를 한참 찾아보니 이 까만 눈동자처럼 보이는 것은 눈의 내부에서 일어나는 빛의 회절에 따른 착시현상이란다. 메뚜기에도 이런 현상이 나타난다고 한다.

따지고 보면 사마귀는 겹눈이 볼록한 데다가 머리를 180도까지 자유롭게 회전할 수 있어 굳이 '곁눈질'을 하지 않고도 얼마든지 주변 물체를 입체적으로 가늠할 수 있다. 그 시야가 무려 300도나 되니 말이다. 렌즈로 말하자면 초광각 어안렌즈도 이를 따라갈 수 없다. 그러면 이 가짜 눈동자도 혹시 사마귀만의 숨겨진 생존 전략이 아닐까? 일종의 '부분적 의태'라고나 할까.

넓적배사마귀(밤골계곡, 2020.8.14.)
넓적배사마귀류의 어린 약충은 엉덩이를 번쩍 들어 올리는 습성이 있다.

이 눈동자처럼 위장한 깨알만 한 작은 점이 나뿐만 아니라 녀석들의 천적이나 먹잇감에게 공포감을 불러일으키는 것은 아닐까? 사마귀가 지구상에 출현한 것이 1억 년 전이라니 그 오랜 세월 동안 터득한 진화적 자산은 아닐지 모르겠다.

갈색넓적배사마귀

일반적으로 사마귀류는 사람과 마주쳐도 눈 하나 깜짝하지 않는다. 그 속마

갈색넓적배사마귀(밤골계곡, 2020.9.9.)
새까만 두 개의 '가짜 눈동자'는 천적을 속이기에 충분하다.

음이야 어떻든 겉으로는 그렇게 당당할 수가 없다. 물론 깨알 같은 두 개의 '가짜 눈동자'가 상대방을 끊임없이 주시하기는 하지만 아무리 코앞에다 카메라를 들이대도 몸은 요지부동이다.

그런데 2020년 9월 어느 날, 밤골계곡 산책길에서 만난 사마귀의 몸짓은 달라도 너무 달랐다. 딱 마주친 순간 경계심을 최대로 이끌어 올리더니 내 몸이나 손이 조금이라도 움찔하면 바로 반응을 보였다. 줄기에 거꾸로 매달려 잎 뒤로 재빨리 몸을 숨기더니 못내 궁금해서 또 빼꼼히 내다보고, 상대하기 제법 까다로운 녀석이었다.

문득, 선선한 가을바람이 불어오자 서둘러 산란을 준비하던 중이었을 수도 있겠다는 생각이 들었다. 그러나 그 통통한 엉덩이를 번쩍 들어 올리는 걸 보면 이 녀석은 아직 그 '나이'는 아니다. '엉덩이 들어 올리기'는 어린 약충의 몸짓인 것을 익히 배워서 알고 있는 터다. 더구나 90도를 넘어 거의 180도까지 허리를 접는 묘기까지 보여주었다. 순간 이런 생각이 뇌리를 스쳤다. '아, 이 녀석이 꽤나 심심했구나. 나랑 숨바꼭질도 하고 싶고, 허리꺾기 기술도 보여주고 싶었던 게 틀림없어.' 나는 카메라를 슬그머니 내려놓았다.

수레국화 푸른색 꽃의 비밀

수레국화는 이름만 놓고 보면 '수레바퀴 모양의 꽃'이다. 실제로 꽃을 좋아하는 사람들에게 수레국화 하면 떠오르는 이미지는 푸른색이다. 물론 흰색과 붉은색도 있지만 가장 보편적인 푸른색 꽃은 수레국화의 상징이 되고 말았다. 그 이유가 뭘까. 혹시 수레국화 이외에 푸른색 꽃을 본 적이 있는가? 물론 있기는 하지만 무척 드물다. 그러니 강렬한 이 수레국화의 푸른색 꽃에 우리는 매료될 수밖에 없다. 희귀한 꽃이기 때문이다. 그러면 왜 푸른색 꽃이 귀할까?

자연 상태의 꽃은 거의 푸른색을 만들지 않는다. 이 수레국화의 푸른색은 인간이 인간을 위해 창조해낸 색이다. 수레국화는 원래 유럽 동남부에서 원예용으로 들여온 것이다. 수레국화는 순전히 사람을 위한 꽃이지, 곤충을 위한 꽃은 아니다.

자연에서의 꽃색은 사람이 아니라 그 대상인 곤충에 따라 달라진다. 아쉽게도 꽃가루를 옮겨주는 곤충은 눈의 구조상 푸른색을 보지 못한다. 사람으로 치면 푸른색 색맹이다. 그러니 꽃 입장에서 굳이 곤충의 눈에 띄지도 못

수레국화(맹산환경생태학습원, 2021.5.20.)
꽃이 활짝 피면 수레바퀴 모양이다. 수레국화의 푸른색은 인간이 인간을 위해 창조해낸 색이다.

하는 푸른색 꽃을 만들 이유가 전혀 없다.

물론 극히 드물지만 푸른색 꽃이 있기는 하다. 수국은 토양의 산성도에 따라 꽃색이 달라진다. 산성이면 푸른색, 알칼리성이면 분홍색이 된다. 그러나 사실 수국의 '꽃잎'처럼 보이는 것도 꽃잎이 아니라 나뭇잎이다. 보통 꽃싼잎(포엽)이라고 부르는데 이것이 꽃을 대신할 뿐이다.

푸른색 꽃을 생식의 수단으로 활용하는 경우도 있다. 폐장초(*Pulmonaria*)가 그렇다. 이 식물은 꽃이 피면서 수시로 그 색깔이 바뀐다. 처음에는 붉은색 꽃이 피지만 나중에 꽃가루받이가 일어나면 푸른색으로 변한다. 붉은색 꽃에는 꿀이 가득 들어 있다는 신호이지만 푸른색은 이제 꿀샘이 다 바닥이 났으니 헛수고하지 말라는 신호다. 이러한 신호는 꽃마다 다르기도 하다. 병꽃나무나 란타나(*Lantana*)는 노란색에서 붉은색으로 바뀐다.

생물은 누구나 좋아하는 색이 있고, 보지 못하는 색이 있다. 곤충이나 새들이 우리가 보는 색을 그대로 보는 것은 아니다. 흰색은 벌들의 눈에는 노란색으로 보이고, 노란색은 오히려 자주색으로 보인다. 벌들은 아예 붉은색을 보지 못한다. 벌들의 눈에 붉은색은 어둡거나 검게 보일 뿐이다. 그러나 예외도 있다. 붉은색 꽃으로 상징되는 개양귀비는 우리 눈에 보이지 않는 자외선을 반사하기 때문에 벌들의 눈에는 아주 아름다운 청보라색으로 보인다.

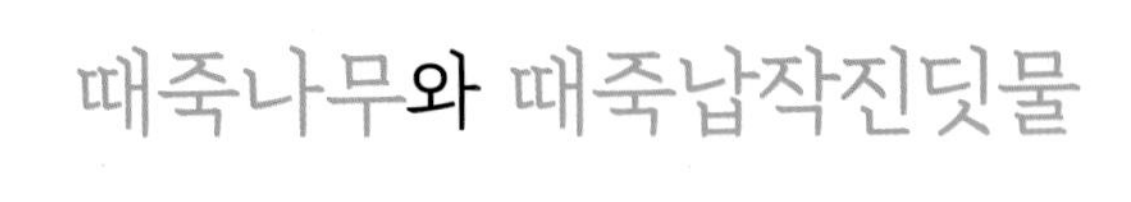

때죽나무와 때죽납작진딧물

2020년 늦은 가을, 밤골 산책길에 아주 흥미로운 나무 열매를 만났다. 자료를 찾아보니 때죽나무 열매였다. 1년을 꼬박 들여다보고 있지 않는 한 어떤 나무에 어떤 꽃이 피고 잎이 나고 열매를 맺는지 알 도리가 없다. 물론 꽃을 보지 않아도《열매 도감》이라는 책이 있어 나무 이름을 찾아내기는 그리 어렵지 않다.

5월이면 때죽나무가 온 동네에서 꽃을 피우기 시작한다. 때죽나무가 '종 모양'의 꽃을 달고 있는 건 몇 번 보기는 했지만 이렇게 내 주변에 때죽나무가 많은 줄은 몰랐다. 때죽나무의 정체성은 종 모양의 자잘한 흰색 꽃이 아래를 보고 피는 것이다. 영어명 스노우벨(Snowbell)도 바로 이러한 꽃 모양에서 비롯된 이름이다. 그런데 정작 우리말 때죽이라는 이름은 종과는 전혀 상관없다.

때죽나무 이름의 기원에 대해서는 대체로 두 가지로 설명된다. 우선 하나는 독성분과 기름기가 많은 이 나무의 열매의 생태 특징과 연결되어 있다고 보는 것이다. 이 열매를 찧어 물에 풀어놓으면 물고기들이 일시적으로 기절해 '떼를 지어' 물 위로 떠올랐고 또 그 물로 빨래를 하면 '때가 잘 빠진다'고 해서 때죽나무가 되었단다. 열매 기름은 등유나 머릿기름으로도 사용했다. 둘째는 나무껍질이 검고 일년생 가지의 나무껍질이 실처럼 벗겨지는 현상을 줄기에 때가 많다고 보는 관점이다. 두 가지 견해는 때죽나무의 서로 다른 성질을 각각 해석한 것이므로 옳고 그름의 문제가 아닌 관점의 차이인 듯하다.

때죽나무 꽃(밤골계곡, 2021.5.18.)
종 모양의 자잘한 흰색 꽃이 아래를 보고 핀다.

물이 귀한 제주도 산간지대에서는 빗물을 받아 생활용수로 흔히 사용했다. 지붕 처마에서 받는 것을 '지신물', 나뭇가지에서 떨어지는 것은 '참받은물'이라 해서 구분했는데 참받은물에는 '정결한 나무'로 알려진 때죽나무가 주로 이용되었다. 실제로 이 나뭇잎이나 가지에 물을 정화하는 능력이 있는 것으로 알려져 있다.

요즘 때죽나무는 물고기를 잡거나 빨래를 하는 용도보다는 공원이나 정원의 관상수로 많이 심는다. 우리 선조들이 때죽나무의 열매를 즐겼다면, 지금은 때죽나무의 꽃에 더 매력을 느끼는 셈이다. 그런데 2021년 6월 중순경 때죽나무에 열매들이 올망졸망 달린 것을 들여다보던 중에 아주 흥미롭게 생긴 또 다른 '열매'를 발견했다. 분명 같은 나무인데 전혀 다른 모양의 '열매'가 달려 있었다. 그 크기는 여느 때죽나무 열매의 수십 배는 되고, 모양은 작은

1

2 3

1 여름 때죽나무 열매(성남시청공원, 2021.6.24.)
2 가을 때죽나무 열매(성남시청공원, 2021.10.23.)
3 겨울 때죽나무 열매(성남시청공원, 2021.12.4.)

바나나 송이를 쏙 빼닮았다. 식물 앱에 올렸더니 이 기괴한 열매는 때죽나무를 기주식물로 삼고 있는 '때죽납작진딧물' 유충의 벌레혹, 즉 충영(蟲癭)이라는 답이 올라왔다. 서양에서는 생긴 모양에서 '고양이 발(cat's paw)'이라고 부른단다.

때죽나무 충영(야탑천, 2021.6.24.)
서양에서는 '고양이 발', 우리나라에서는 '바나나 송이'에 비유한다.

식물 공부를 하면서 새롭게 배운 것 중 하나가 충영이다. 충영의 사전적 정의는 '식물의 잎이나 줄기, 뿌리 등에 만들어진 비정상적인 혹 모양의 팽대부'다. 곤충 등 여러 기생체가 만들기도 하고, 기생체의 자극으로 식물이 만들어 내기도 한다. 충영을 만드는 곤충을 충영곤충이라고도 하는데 때죽납작진딧물은 바로 때죽나무의 충영곤충이다.

때죽납작진딧물은 때죽나무 입장에서 보면 일종의 기생 곤충이다. 때죽나무 열매가 열릴 무렵 성충이 때죽나무에 알을 낳으면 그 자극으로 때죽나무에 충영이 만들어지고 때죽납작진딧물 유충은 그 충영 안에서 안전하게 나무즙을 빨아 먹으며 성장한다. 성충이 된 다음에는 충영을 뚫고 나와 다른 식물로 이사를 가 새로운 생활을 이어나간다. 이후 알 낳을 때가 되면 다시 돌아온다.

충영 속에 사는 곤충에게는 결정적인 단점이 하나 있다. 한참 동안 좁고 답답한 폐쇄적 공간에 갇혀 살아야 한다. 당연히 배설물로 인한 위생 문제가

때죽나무 충영에서 벌레가 빠져나간 흔적(야탑천, 2021.6.24.)

발생한다. 그래서 그들은 자신의 보금자리를 더럽히지 않기 위해 고통스럽지만 항문의 기능을 스스로 작동하지 않게 조절한다. 모든 노폐물은 당분간 몸속에 그대로 차곡차곡 쌓아두었다가 성충으로 변할 때 비로소 한꺼번에 배출한다. 일종의 '배내똥'인 것이다. 세상의 모든 편리함에는 그 대가가 따르기 마련이다.

때죽납작진딧물이 충영을 만드는 메커니즘은 그 유충이 때죽나무 꽃 생성 메커니즘에 관여함으로써 이루어지는 것으로 알려져 있다. 그런데 충영이 만들어지는 초기 단계에서 유충이 죽어버리면 충영이 더 이상 만들어지지 않고 그 대신에 충영 꽃(gall flower)이 핀다. 원래 진짜 꽃은 지난해에 만들어놓은 겨울눈에서 나오지만 이 충영 꽃은 그해 새로 나온 가지의 곁눈에서 나온다.

정상적이라면 이 곁눈은 그 이듬해에 겨울눈이 되어 꽃을 피우고 유충에 의해 자극을 받으면 그 자리에 충영이 만들어진다. 유충이 다리를 이용해 곁눈의 생장점을 자극하면 식물 조직이 유충을 덮기 위해 성장하고, 식물 조직에 의해 갇혀버린 유충은 결과적으로 자신의 공간을 만들어 충영을 완성하고 그 안에서 번식을 하는 것이다. 그러나 이러한 과정에서 초반에 유충이 죽어버리고 식물체가 더 이상 자극을 받지 않으면 그 자리에 충영 대신에 비정상적인 충영 꽃이 자라는 것이다.

때죽나무와 매우 비슷한 나무가 쪽동백나무다. 영어명도 프래그런트 스노우벨(Fragrant snowbell)로 '향기나는 종'이다. 흰색 꽃이 아래로 향해 피는 것이나 열매를 머릿기름으로 이용하는 것 등도 때죽나무를 쏙 빼닮았다. 물론 차이점도 있다. 쪽동백나무는 때죽나무에 비해 잎이 훨씬 크고 긴 꽃차례에 꽃들이 더 촘촘히 달린다. 쪽동백이라는 이름은 동백나무보다 열매가 작다는 뜻이기는 하지만 쪽동백은 엄연히 때죽나무 가족이다.

쪽동백나무 꽃(중앙공원, 2021.5.17.)
때죽나무에 비해 잎이 훨씬 크고 긴 꽃차례에 꽃들이 더 촘촘히 달린다.

쪽동백나무 열매(중앙공원, 2021.7.1.)

큰까치수염과 흰줄표범나비

큰까치수염은 앵초과의 여러해살이풀이다. 민까치수염, 큰까치수영, 큰꽃꼬리풀, 큰개꼬리풀, 홀아빗대, 낭미화(狼尾花) 등으로도 불린다. 큰꽃꼬리풀은 북한에서, 낭미화는 만주 지역에서 주로 불리는 이름이다. 일본과 중국의 이름은 범꼬리풀(호미초虎尾草)이다. 까치수염은 큰까치수염에 비해 꽃이삭이 작은 것으로 구별한다.

우리 이름 까치수염은 '까치의 수염'이 아니라 '까치'와 '수염'을 합친 말로 본다. 까치에는 수염이 없기 때문이다. 즉 흰색으로 피는 꽃차례 모양이 까치와 수염을 닮았다는 것이다. 또 다른 견해로는 수염을 '수영'이 잘못 표기된 것으로 설명하기도 한다. 수영(秀穎)은 '잘 여문 벼(수수) 이삭'이니 나름 설득력이 있다. 범꼬리라는 이름을 붙이면 좋겠지만 이미 여뀌과의 '범꼬리'라는 식물이 그 이름을 선점해 버렸다.

큰까치수염의 키는 1미터까지 자라는데 초여름부터 하얀색 꽃이 핀다. 꽃은 줄기 끝에 매달린 개 꼬리 모양의 꽃이삭을 따라 아래쪽부터 위쪽으로 피기 시작한다. 큰까치수염의 이름은 이 같은 꽃차례 특징에서 비롯된 것이

큰까치수염과 흰줄표범나비(포은정몽주선생묘역, 2020.6.27.)
초여름이 되면 하얀색 꽃이 개 꼬리 모양의 꽃이삭을 따라 아래쪽부터 위쪽으로 피기 시작한다.

다. 큰까치수염의 꽃차례는 크게 보면 무한꽃차례이고 그중에서 총상꽃차례(송이모양꽃차례)다. 이는 길게 자라나는 꽃대를 따라 꽃자루가 있는 꽃들이 줄기의 아래쪽에서 위쪽으로 계속 피어나는 것을 말한다. 꽃이삭은 벼 이삭, 조 이삭, 개 꼬리, 범 꼬리 등 그 어떤 이름을 붙여도 다 잘 어울린다. 그 큰까치수염에 흰줄표범나비가 날아와 한참을 놀다 갔다. 나비답지 않은 행동이다. 덩달아 큰까치수염 앞에 내가 머문 시간도 그에 비례했다.

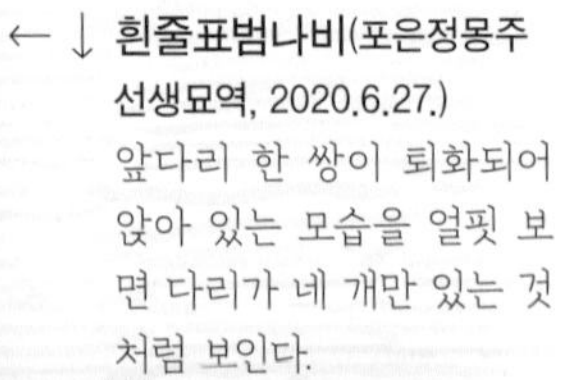

← ↓ **흰줄표범나비**(포은정몽주 선생묘역, 2020.6.27.)
앞다리 한 쌍이 퇴화되어 앉아 있는 모습을 얼핏 보면 다리가 네 개만 있는 것처럼 보인다.

흰줄표범나비

흰줄표범나비는 나비목 네발나비과의 곤충이다. 표범나비류 중에서 뒷날개 아랫면에 흰색 줄무늬가 있어 붙인 이름이다. 이 흰색 줄이 중간에 끊어져 있는 것은 큰흰줄표범나비로 따로 구분한다. 그런데 좀 이상하다. 이 녀석의 가족은 모두 발이 넷이란다. 생물학적으로 곤충이라는 이름을 붙이려면 머리, 가슴, 배 3부분으로 나뉘고 다리는 세 쌍, 즉 여섯이어야 한다. 나비도 곤충이므로 분명 다리는 여섯이어야 한다. 그러면 네발나비라니, 어찌 된 일일까.

사실 네발나비라고 이름 붙였지만 실제 다리는 여느 곤충처럼 여섯이다. 다만 이 녀석들의 앞다리 한 쌍이 오랜 세월을 거치면서 퇴화되었고, 앉아 있는 모습을 얼핏 보면 영락없이 다리가 네 개 있는 것처럼 보일 뿐이다. 그러면 이러다가 결국 진짜 다리가 넷뿐인 나비가 태어나기라도 한다면 어찌 될까? 생물학자들이 곤충 족보에서 이들을 빼야 하나 말아야 하나를 놓고 고민에 빠질지도 모르겠다. 진화의 역사를 돌이켜보면 충분히 가능성이 있는 이야기다. 지구상의 생명체는 여전히 진화 중이니 말이다.

비비추와 어리호박벌

비비추는 백합과 비비추속의 여러해살이풀이다. 비비추라는 이름은 잎이 비비 꼬여 있다고 해서 붙인 것이다. 실제로 자세히 들여다보면 잎 가장자리가 살짝 쭈글쭈글하게 주름져 있는 것을 볼 수 있다. '~추'는 나물을 뜻하는 '~취'에서 변형된 것으로 본다.

비비추는 같은 비비추속의 옥잠화와 많이 혼동되는 식물이다. 둘을 구별하는 가장 확실한 기준은 꽃피는 모양을 살펴보는 것이다. 비비추는 긴 꽃대를 따라 연자주색 꽃이 한쪽으로 치우쳐 달리지만, 옥잠화는 상대적으로 긴 꽃대 위쪽에 흰색 꽃이 뭉쳐 달린다.

요즘에는 자주색 옥잠화도 있어 꽃색만으로는 비비추와 구별이 되지 않는 경우가 많다. 비비추가 우리 토종 야생화인 데 비해 옥잠화는 중국에서 원예종으로 들어온 것으로 알려졌다. 비비추의 일종으로 옥잠화처럼 꽃대 끝에서 꽃이 뭉쳐 피는 것이 또 하나 있는데, 이는 일월비비추라고 해서 구분한다. 들꽃인 비비추도 산지에서 자라지만 일월비비추는 이보다 더 높은 고산지역 정상부에서 주로 관찰된다.

↑ **비비추**(율동공원, 2021.8.3.)
긴 꽃대를 따라 연자주색 꽃이 한쪽으로 치우쳐 달린다.

→ **옥잠화**(성남시청공원, 2021.9.5.)
긴 꽃대 위쪽에 흰색 꽃이 뭉쳐 달린다.

율동공원 안에 있는 책테마파크 뒤쪽 오솔길 옆으로 널찍한 비비추 꽃밭이 조성되어 있다. 비비추가 만개하는 한여름이면 그 풍경이 꽤 볼만하다. 많은 사람이 율동공원을 찾지만 이곳까지 발걸음을 옮기는 사람은 많지 않아 비교적 한적하게 꽃을 감상하고 사진을 찍을 수 있다. 8월 초 어느 날, 비비추 꽃밭을 막 지나치는데 요란스럽게 곤충들이 윙윙거리며 이 꽃 저 꽃을 부지런히 옮겨 다니는 모습이 눈에 들어왔다. 주인공은 덩치가 제법 큰 어리호박벌이었다. 덩치만큼이나 날갯짓 소리가 요란하다.

어리호박벌

러시아 작곡가 림스키코르사코프(Nikolai Andreevich Rimskii-Korsakov)의 〈왕벌의 비행〉은 클래식을 좋아하든 좋아하지 않든 꽤 귀에 익은 음악이다. 오페라 '술탄 황제' 중 제2막 1장에서 벌 떼의 습격을 받는 백조의 모습을 피아노, 바이올린, 첼로 등의 악기로 묘사한 아주 흥미로운 곡이다. 〈왕벌의 비행〉은 영어 표기로 'Flight of the Bumblebee'다. 범블은 호박벌이지만 그냥 왕벌로 통한다. 어리호박벌은 호박벌 사촌이다. 그러나 호박벌보다 덩치가 훨씬 더 크고 뚱뚱하다. 그러니 어리호박벌은 왕벌 중의 왕벌인 셈이다. 그래서인지 '어리호박벌의 비행'으로 부르는 경우도 있다.

어리호박벌은 벌 중에 덩치가 큰 편이라 보는 것만으로도 위협의 대상이다. 암컷은 독침이 있지만 수컷은 없다니 그나마 50퍼센트 확률로 다행이다. 흥미로운 점은 내가 만난 어리호박벌은 하나같이 비비추 꽃에 날아와서는 꽃 속으로 들어갈 생각은 하지 않고 곧장 꽃의 꿀주머니 바깥쪽에 매달린다는 것이다. 이는 뒤영벌의 습성인데 말이다.

뒤영벌은 땅벌이라고도 하는데 대중가요 〈땡벌〉이 바로 이 뒤영벌이다. 내가 자란 강원도에서는 땡삐라고도 했다. 뒤영벌 종류는 특이하게 꽃 바깥쪽에서 구멍을 뚫고 꿀을 훔쳐먹기 때문에 식물의 입장에서는 꽃가루받이에 전혀 도움이 되지 않는 벌로 알려져 있다. 그러나 뒤영벌이 늘 이렇게 꿀을 도둑질하는 것은 아니라고 한다. 도둑질을 하려면 꿀단지 속으로 머리를 들이밀 만큼 구멍을 뚫어야 하는데 이때 에너지가 너무 많이 소비되기 때문에 꿀을 얻는다고 해도 실제로는 큰 이득이 없어 그리 자주 이런 일을 벌이지는 않는다는 것이다. 그러면 언제 뒤영벌이 꿀 도둑이 될까.

어리호박벌(율동공원, 2021.8.3.)
꿀을 훔쳐내려는 듯 꿀주머니 바깥쪽에 매달려 있다.

많은 들꽃은 후손을 퍼뜨리기 위해 곤충을 불러들이는 수단으로 꿀주머니를 차고 있다. 들꽃 입장에서 꿀과 꽃가루는 낚싯바늘과 미끼의 관계다. 들꽃은 곤충을 이용해 '수정'을 하고 이를 위해 꿀이라는 미끼를 쓰는 것뿐이다. 물론 꿀벌처럼 꿀은 물론 꽃가루를 제 새끼에게 먹이는 곤충도 있지만, 곤충에게 필요한 것은 대부분 달콤한 꿀 자체다. 지구상의 수많은 곤충이 들꽃의 수정을 돕기 위해 꿀을 찾아 날아든다. 심지어 모기도 꿀을 먹는다. 암컷 모기는 알을 낳는 데 필요한 많은 에너지를 얻기 위해 목숨을 걸고 피를 빨지만 수컷 모기는 그 시간에 들꽃을 찾아가 달콤한 꿀을 즐긴다.

그러나 그 꿀단지가 모든 곤충에게 개방되어 있는 것은 아니다. 예를 들어 뒤영벌(어수리뒤영벌)은 대표적인 꽃가루 매개자이지만 감자와 토마토는 뒤영벌에게 꿀을 제공하지 않는다. 이 식물들은 꿀벌에게만 꿀과 꽃가루를 나누어준다. 그러면 어떻게 이들은 꿀벌과 뒤영벌을 구별할까. 바로 꿀벌의 '윙윙'거리는 소리에 반응해 꿀단지를 열었다 닫았다 한다. 이 사실을 알아차린 뒤영벌도 꿀벌의 소리신호를 흉내 내기 시작했다. 학자들은 지구상의 약 8퍼센트에 해당하는 들꽃들이 이 '윙윙' 소리에 따라 수정된다고 본다. 이를 '윙윙거리는 수정(buzz polliantion)'이라고 한다. 그런데 뒤영벌도 윙윙 소리를 내기 싫을 때는 그냥 꿀을 도둑질한다. 꿀주머니 입구를 질근질근 씹어 구멍을 내고 꿀을 빨아댄다.

내가 본 어리호박벌이 뒤영벌의 재주를 흉내 내기 시작한 것은 아닌지 모르겠다. 이러한 과정이 지구 생명체의 진화를 부추긴 모티브가 된 경우가 적지 않기 때문이다.

좀꿩의다리와 호박벌

좀꿩의다리는 미나리아재비과 꿩의다리속의 여러해살이풀이다. '~꿩의 다리'로 불리는 들꽃은 대략 22종이다. 좀꿩의다리에서 '좀'은 작다는 의미다. 7~8월이 되면 좀꿩의다리에는 연한 황록색의 자잘한 꽃들이 핀다.

꿩의다리라는 이름을 갖게 된 데는 이 식물들의 줄기가 꿩의 '야리야리한 다리'와 비슷하기 때문이라는 설과 아래로 늘어진 꽃 모양이 꿩의 '장식용 머리 깃털'을 닮았기 때문이라는 설 등이 전한다. 전자는 꿩의다리에서 '다리'를 글자 그대로 해석하는 것이고, 후자는 이 다리를 '발'이 아니라 '장식용 머리'로 보는 견해다. 벌완두의 벌이 곤충이 아니듯이 꿩의다리에서 다리는 발이 아니라는 것이다. 이 두 가지 설명만 놓고 본다면 내 생각에는 꿩의 다리보다는 꿩의 머리 깃털에 대한 비유가 더 그럴듯한 것 같다. 꿩의다리 줄기는 결코 야리야리하지 않다. 특히 같은 꿩의다리속에 속한 금꿩의다리의 노란색 수술을 보면 더욱 그렇다.

또 다른 해석도 가능하다. 즉 꿩의다리의 학명에서 그 기원을 찾는 것이다. 꿩의다리류의 학명 중 종소명 아퀴레지폴리움(*aquilegifolium*)은 라틴어로

↑ **좀꿩의다리**(밤골계곡, 2021.8.8.)
한여름이 되면 연한 황록색의 자잘한 꽃들이 핀다.

← **금꿩의다리**(맹산환경생태학습원, 2020.7.21.)
길게 늘어진 노란색 수술이 꿩의 장식 깃털을 닮았다.

좀꿩의다리(밤골계곡, 2021.8.8.)
끝 쪽이 세 갈래로 갈라진 잎 모양이 꿩의 다리보다는 비둘기 발바닥이 더 어울린다.

'독수리 발바닥', 독일어로 '비둘기 발바닥'이라는 의미와 연결되어 있기 때문이다. 실제로 꿩의다리류의 잎은 끝 쪽이 세 갈래로 갈라져 있다. 언어의 진화 과정에서 '발바닥'이 '다리'로 바뀌는 것은 그리 어렵지 않다. 꿩의다리에서 다리를 발이 아니라 발바닥으로 해석하면 얼추 들어맞는다.

2021년 8월 초순 어느 날, 밤골계곡 등산로 초입에서 좀꿩의다리 꽃을 들여다보고 있는 사이 큼지막한 호박벌이 연신 이 꽃 저 꽃 정신없이 들락거리고 있었다. 곤충 중에는 사진찍기가 아주 편한 녀석이 있는 반면 무척 까다로운 녀석들도 있다. 호박벌이 바로 후자의 대표적인 예다.

호박벌

호박벌(밤골계곡, 2021.8.8.)
덩치가 크고 뚱뚱해서 상당히 위협적으로 보이지만 실제로 공격적인 무기는 가지고 있지 않다.

장수말벌(인천수목원, 2022.9.6.)
우리나라에서 관찰되는 벌 중 가장 덩치가 크고 강력한 무기를 가지고 있다.

호박벌은 그 덩치로만 보면 '호박꽃'에나 어울릴 법한 녀석이다. 호박벌은 벌 종류 중에서도 덩치가 큰 벌 중에 속한다. 몸길이가 무려 2.5센티미터에 이르고, 뚱뚱하기까지 해서 훨씬 위협적이다.

물론 호박벌보다 더 큰 녀석도 있다. 길이가 4.5센티미터나 되는 장수말벌이다. 우리나라 벌 종류 중에서 가장 덩치가 크다. 그러나 몸통이 날씬하기에 호박벌보다는 덜 위협적으로 느껴진다. 그런데 알고 보면 호박벌은 이 장수말벌의 상대가 되지 않는다. 호박벌과는 달리 장수말벌은 힘이 세고 무시무시한 독침을 감추고 있기 때문이다.

이왕 꽃을 찾아왔으면 좀 차

분히 꽃에 앉아 꿀을 빨든지 꽃가루를 묻혀 가든지 하면 좋으련만 호박벌은 잠시도 한 자리에 머무르지를 않는다. 정말 '엉덩이가 가벼운' 녀석이다. 제대로 셔터를 눌러볼 기회를 주지 않는다. 덩치만 클 뿐 마땅한 '무기'가 없는 호박벌의 생존 전략일 수도 있겠다.

버들잎마편초와 작은검은꼬리박각시

버들잎마편초는 남아메리카에서 들어온 귀화식물로 마편초과에 속하는 여러해살이풀이다. 여름부터 늦가을까지 아주 오랫동안 적자색 꽃이 피는데 줄기와 가지 끝의 산방상 수상꽃차례에서 빽빽이 모여 달린다. 꽃 이름은 마주나는 넓은 선형의 잎이 버들잎을 닮았다고 해서 붙인 것이다. 마편초(馬鞭草)는 우리나라, 대만, 중국 등이 원산지인 여러해살이풀이다. 버들잎마편초가 마산에서 처음 관찰된 이후 이 마편초에 '버들잎'을 붙여 이름 지은 것이다. 마편초는 줄기가 가늘어 말채찍으로 쓸 정도라는 의미다. 전체에 거친 털이 돋아 있는 것이 특징이다.

버들잎마편초는 숙근버베나라고도 하는데 학자들에 따라서는 이 둘을 다른 품종으로 분류하기도 한다. 숙근(宿根)은 겨울을 나며 여러해살이를 하는 알뿌리를 말한다. 유사종으로 블루버베인, 숙근버베나폴라리스, 화이트버베인 등이 있다. 세계적으로는 열대 아메리카를 중심으로 200여 종의 버베나가 분포한다.

자생종이 경남 마산의 부둣가에서 발견된 것으로 보아 지구를 한 바퀴

버들잎마편초(탄천, 2021.8.14.)

돌아온 화물선에 실려 우리나라까지 들어온 것으로 추측하고 있다. 버들잎마편초의 또 다른 이름이 아르헨티나버베나다. 아르헨티나는 지구상에서 한국의 대척점에 있는 남아메리카 우루과이 몬테비데오 바로 이웃에 위치한다. 한국으로 들어온 외래식물 중 가장 먼 거리를 여행한 셈이다.

버들잎마편초는 대개 무더기로 심고 또 늦가을까지 오랫동안 활짝 꽃이 피어 있기 때문에 꿀을 찾는 곤충으로서는 이처럼 반가울 수가 없다. 2021년 막 가을 문턱으로 들어선 9월 초, 탄천 산책길 옆 잘 가꾸어진 버들잎마편초

꽃밭으로 온갖 곤충이 모여들었다. 그중 나의 눈을 사로잡은 녀석은 여름 내내 그렇게 보기 힘들던 작은검은꼬리박각시다.

작은검은꼬리박각시

작은검은꼬리박각시는 나비목 박각시과의 곤충이다. 박각시류는 대형 나방 종류로 국내에 50여 종이 살고 있는 것으로 알려졌다. 나방류는 보통 밤에 활동을 하지만 이 박각시류는 특이하게도 낮 동안 활발히 움직인다. 북한에서는 나비를 낮나비, 나방을 밤나비라 부른다는데 이 박각시류 때문에 약간 혼란스러울 것도 같다. 박각시라는 이름은 '박꽃을 찾아오는 예쁜 각시'라는 의미라지만 내가 관찰한 바로는 박꽃, 버들잎마편초, 꽃댕강나무 등을 가리지 않았고, 생김새도 '각시'와는 거리가 먼 듯하다.

사실 작은검은꼬리박각시를 처음 본 순간 내 머릿속을 스치는 이미지는 '벌새'였다. 책에서만 보던 벌새를 처음 만난 것은 수년 전 브라질 여행 중에 하룻밤 묵었던 이과수 시내의 한 호텔이었는데, 갑자기 그 벌새가 생각난 것이다. 집으로 돌아와 도감을 찾아보고 나서야 벌새와는 거리가 먼 나방류인 것을 알았다. 생김새만 벌새를 닮은 게 아니라 실제로 작은검은꼬리박각시는 벌새처럼 정지비행을 하기도 한다. 물론 어떤 녀석은 정지비행은커녕 꽃에 잠시도 앉아 있지 않고 끊임없이 이 꽃 저 꽃으로 날아다니는 통에 제대로 사진 한 장 찍기도 어려웠다. 그런데 버들잎마편초 꽃밭에서 만난 녀석은 어쩐 일인지 완벽한 정지비행을 보여주었다.

박각시류들은 정지비행의 선수다. 뿐만 아니라 후진 비행도 할 수 있다. 이들의 특징 중 하나는 나비처럼 주둥이가 가늘고 길다는 점이다. 이 주둥이는 꽃잎에 앉지 않고 멀찌감치 떨어져 깊은 꿀단지 속 꿀을 빨아 먹기에 최적화된 수단이다. 들꽃 중에는 바로 이런 긴 주둥이에 맞춰 긴 호로병처럼 생긴 꿀단지를 만들어 호응한다.

긴 꿀단지와 긴 주둥이의 상호관계에 대한 생태학적 관찰과 연구는 1877년 다윈에까지 거슬러 올라간다. 그는 브라질 남부에 주둥이의 길이가 25센티미터인 박각시류의 나방이 있음을 처음으로 감지했다. 다윈은 나방이 긴 주둥이를 사용하지 않을 때는 무려 20바퀴나 나선형으로 돌돌 말려 있다고까지 했다. 이러한 주장은 당시 허무맹랑한 것으로 여겼지만, 1903년

작은검은꼬리박각시(탄천, 2021.9.4.)
긴 입과 정지비행의 기술은 박각시류만의 탁월한 경쟁력이 된다.

작은검은꼬리박각시(탄천, 2021.9.4.)

영국의 동물학자 리오넬 월터 로스차일드(Lionel Walter Rothschild)와 독일계 영국 곤충학자인 칼 조던(Heinrich Ernst Karl Jordan)에 의해 '모르간의 나방'으로 불리는 크산토판 모르가니 프라에딕타(*Xanthopan morganii praedicta*)의 실체가 세상에 밝혀진다. 이 박가시나방 학명의 '예측된 나비'라는 뜻에는 바로 다윈의 통찰력이 고스란히 담겨 있다. 역시 다윈은 다윈이다.

흥미로운 사실은 박각시가 긴 꿀단지를 고집하지 않고 꿀주머니가 짧은 꽃에서도 꿀을 빨아 먹는다는 것이다. 그러면서도 여전히 정지비행을 고집한다. 생물학자들은 이런 행태를 천적을 피하기 위한 수단으로 설명한다.

더욱 흥미로운 것은 최근 남아프리카에서는 주둥이 길이가 10센티미터 넘는 파리 두 종이 발견되었다는 것이다. 파리 생태계에서도 새로운 진화 혁명이 일어나고 있는 게 틀림없다. 인간을 포함하여 지구 생물 진화, 생물종 다양성의 바탕에는 바로 꽃가루받이 주역인 '들꽃'이 있었던 것이다. 지구 생명체들은 꽃이 피는 식물, 그중에서도 대부분을 차지하는 '속씨식물'을 중심으로 아주 복잡하게 얽히고설켜 하나의 자연 시스템을 형성하고 있다.

《꽃은 어떻게 세상을 바꾸었을까?》의 저자 윌리엄 C. 버거는 인간의 입장에서 현대문명→농업 문명→수렵채집→유인원으로 문명의 시계를 거꾸로 돌리면 그 바탕에는 나뭇가지를 길게 늘어뜨리고 꽃을 피우고 열매를 맺는 다양한 속씨식물, 즉 꽃이 피는 식물들이 있다고 주장한다. 꽃피는 나무가 없었으면 영장류도 다양화될 수 없었고, 영장류가 나무에서 내려와 달려 나간 초원지대도 존재하지 않았으며 궁극에는 농사도 지을 수 없었다는 것이다.

현재 25종의 꽃을 피우는 식물이 우리가 채식으로 얻는 에너지의 90퍼센트를 차지한다고 한다. 지구상에서 살아가고 있는 최대 26만 종의 '들꽃' 중에서 선택된 고작 25종일 뿐인데도 말이다. 정말 깊고 복잡하고 알 수 없는 것이 생물의 세계다. 오죽하면 생물학자인 윌리엄 C. 버거가 "말하기조차 슬픈 일이지만 생물학은 과학이 아니다. 화학이나 물리학과는 다르게 어떤 규칙이나 법칙이라고 부를 만한 것들이 거의 없기 때문이다"라고까지 했을까.

울타리를 넘는 들꽃

오스트리아 – 헝가리 생물학자 라울 프랑세(Raoul H. Francé)는 새로운 주장을 펼쳐 자연철학자들에게 충격을 주었다. 식물도 자신의 몸을 인간이나 동물처럼 자유롭고 우아하게 움직일 수 있다는 것이다. 프랑세는 식물은 끊임없이 구부러지고 방향을 이리저리 바꾸면서 성장하는데 그 자체가 일련의 움직임이라고 했다. 다만 우리가 이 사실을 알아차리지 못하는 것은 단지 식물이 인간보다 훨씬 더 느린 속도로 움직이고 있고, 또 인간이 이러한 식물의 행동을 제대로 관찰하지 않고 성급한 판단을 내리기 때문이라는 것이다.

이제는 식물도 움직인다는 사실은 정설이 되었다. 뿌리나 줄기를 이용해 슬금슬금 옆으로 옮겨가기도 하지만 바람이나 물 그리고 동물의 털에 씨앗을 실어 놓으면 여행거리에 제한을 받지도 않는다. 찰스 다윈의 계산에 따르면 아스파라거스의 신선한 씨앗은 23일, 마른 씨앗은 86일 동안이나 물에 떠 있을 수 있고 이 씨앗들은 해류에 의해 4,500킬로미터나 이동할 수 있다고 한다. 비행기나 선박에 올라타면 더 빠른 시간에 국가와 대륙을 넘나들 수도 있다.

텃밭에 심어놓은 작물이 울타리를 넘어 도망치기도 하고 초대하지 않은 식물들이 울타리 안으로 침범해 들꽃을 피워내기도 한다. 울타리를 넘은 들꽃들은 생각지도 않은 장소에서 뿌리를 내려 우리를 깜짝깜짝 놀라게 한다.

식물의 영역은 정적인 듯하면서도 그 확장성은 우리의 상상을 뛰어넘는다. 적지 않은 식물들은 수십 년 또는 그 이상의 길고 긴 시간 여행을 떠나기도 한다. 우리는 동굴이나 무덤 또는 빙하 속에서 수천 년 동안 잠들어 있던 씨앗들이 기적적으로 싹을 틔웠다는 뉴스를 심심치 않게 접한다.

◀ 정처 없이 떠돌다 탄천에 뿌리를 내린 소래풀

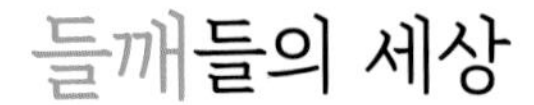

들깨들의 세상

밤골계곡 끝자락에는 산책로 주변으로 주말농장이 길게 이어져 있다. 이 길을 천천히 걷다 보면 텃밭에서 한창 자라고 있는 작물이 한눈에 들어오고, 울타리를 벗어나 도랑가나 산자락에서 뜬금없이 뿌리를 내린 녀석들도 심심치 않게 만날 수 있다. 그중에 가장 많은 것은 들깨와 참깨류와 같은 '깨 가족'이다.

어릴 적 기억을 되살려보면 텃밭 중에도 유난히 들어가기가 꺼려지는 장소가 있었다. 깨밭이다. 깨 줄기를 기어오르는 엄청나게 크고 징그러운 깻망아지 때문이었다. 훗날 알고 보니 깻망아지는 나비목 박각시과의 콩박각시 유충이었다. 박각시 무리의 덩치만큼이나 깻망아지도 정말 덩치가 컸다. 박각시과 중에서 콩박각시는 유난히 콩과 식물을 좋아해서 붙인 이름이다. 뱀눈박각시 유충도 비슷한데 꼬리 위쪽에 큰 뿔이 나 있는 것이 좀 다르다. '망아지'라는 이름이 붙은 것은 유충을 슬쩍 건드리면 그 뚱뚱한 몸을 마치 망아지가 날뛰는 것처럼 요란스럽게 흔들어대기 때문이다.

흥미로운 점은 깻망아지가 참깨를 좋아한 반면, 들깨밭에는 얼씬도 하지 않았다는 것이다. 국어사전에는 깻망아지를 아예 '참깻잎을 먹고 사는 벌레'라고 정의해 놓았다. 어릴 적 내가 그토록 들어가기 무서워했던 그 깨밭은 들깨밭이 아니라 참깨밭이었다!

가끔은 상식이 통하지 않는 경우가 있다. 바로 들깨와 참깨와의 관계처럼 말이다. 이름으로나 정서적으로나 우리는 들깨와 참깨를 '가장 가까운 식물', 즉 사람으로 말하면 1촌 관계 정도로 말이다. 그러나 믿기지 않겠지만 이들은 사람으로 말하면 '피 한 방울' 섞이지 않았다. 형제도 아니고 자매도 아닌 그야말로 완벽하게 남남이다. 식물 분류학상 들깨는 꿀풀과이지만 참깨는 참깨과라는 별개의 족보에 속해 있다.

들깨(밤골계곡, 2020.9.23.)

박하(밤골계곡, 2020.10.23.)

들깨의 정체성 중 하나는 향기로운 '잎 냄새'다. 들깻잎은 그 이름만으로도 입에 침이 돈다. 향기 나는 잎 하면 박하를 빼놓을 수 없다. 족보상으로 보면 들깨는 박하에 오히려 가깝다. 그것도 아주 가깝다. 둘은 일단 같은 꿀풀과 가족이다. 개박하의 영어 이름 캣닢(cantnip)은 놀라울 정도로 들깨의 깻잎과 발음이 똑같다. 들깨와 박하는 향기로운 한 가족이다.

들깨 향기의 원천은 페닐라케톤(penillaketone)이라는 화학성분이다. 우리 코에는 향기로운 이 성분이 보통의 동물이나 곤충에게는 고감도의 기피물질이다. 그래서 고추밭 곳곳에 들깨를 심어놓으면 담배나방의 피해를 막을 수 있고, 모기와 파리도 들깨밭에 모이지 않는다. 길가나 밭두둑에 들깨를 죽 심어놓으면 어지간해서는 동물들이 접근하지 못한다. 일종의 천연 울타리인 셈이다. 그러나 고양이는 예외다. 원래 박하를 즐긴다는 고양이는 들깨밭을 제집 드나들 듯한다. '꿩 대신 닭'으로 생각하는지도 모르겠다. 이래저래 들깨와 박하는 한 가족인 것이 분명하다.

지금은 들깨를 주로 요리용으로 쓰이지만 옛날에는 용도가 훨씬 다양했다. 석유가 들어오기 전에는 등잔불을 밝혀주었고, 온돌방에 장판을 새로 깔 때도 이 들기름을 칠했다. 기름을 짜고 남는 깻묵은 가축에게는 최고의 영양식이었고 밭에 뿌리면 훌륭한 비료가 되었다. 그뿐 아니라 어항으로 물고기를 잡을 때 쓰이는 밑밥에 된장과 깻묵이 빠지지 않았다.

그러면 들깨와 참깨 둘은 어떤 관계일까. 정확히 알려진 바는 없고, 전통적으로 야생의 식물 중 기름을 얻었던 것을 들깨, 이보다 양질의 기름을 얻을 수 있는 작물로 새로 들여온 것을 참깨로 부르게 되었다는 추측만 할 뿐이다. 들꽃 중에는 들깨와 참깨 외에도 '깨 가족'처럼 보이는 것들이 제법 된다. 벌깨덩굴과 수까치깨가 그렇고 이름은 낯설지만 차즈기와 핫립세이지(Hot lips sage)에도 깨 유전자가 있다.

벌깨덩굴

벌깨덩굴은 꿀풀과 벌깨덩굴속의 여러해살이풀이다. 벌깨덩굴속의 식물에는 이 벌깨덩굴 하나밖에 없다. 그만큼 생태 특성이 아주 독특하다는 뜻이다. 벌깨라는 이름도 아주 특이하다. 여기에서 '벌'에 대한 몇 가지 해석이 있다.

첫째, '벌'을 '일정한 테두리를 벗어난'이란 뜻의 접두어로 보는 것이다. 그러고 보니 자주색 꽃이 연이어 피어 있는 모습은 꽃색만 다르지, 모양은 영락없이 '참깨꽃'이 연상된다. 그런데 잎 모양은 또 들깻잎을 쏙 빼닮았다. 들깨와 참깨의 유전자가 반반씩 있는 셈이다. 그뿐 아니다. 이름에 덩굴이 있기는 하지만 꽃이 한창 피었을 때 보면 이름과는 걸맞지 않게 덩굴은 그 어디에도 찾을 수가 없다.

그러나 조금 참을성 있게 기다리면 이 녀석의 본성을 곧 알아차리게 된다. 벌깨덩굴의 속성이 드러나는 것은 꽃이 지고 난 뒤부터다. 여기에는 벌깨덩굴의 교묘한 생존 전략이 숨어 있다. 꽃이 시든 뒤에 덩굴 가지가 나타나 사

1 2

3

1 벌깨덩굴(밤골계곡, 2021.4.26.)
꽃 모양은 참깨를, 잎 모양은 들깨를 닮았다.

2 벌깨덩굴(밤골계곡, 2021.5.3.)
가장 인상적인 부분은 꽃 아랫입술에 소복하게 돋아 있는 '흰 수염'이다.

3 벌깨덩굴(인천수목원, 2023.5.4.)
꽃이 시들면 덩굴 가지가 사방으로 뻗어나가고 환경이 적당하면 그 자리에 뿌리를 내린다.

방으로 뻗어나간다. 그러다가 땅에 슬쩍 닿기라도 하면 바로 그 자리에 뿌리를 내린다. 이 녀석에게는 또 다른 번식 장치가 있었던 것이다.

둘째, '벌'을 벌판, 즉 들로 보는 것이다. 그런데 벌깨덩굴은 실제로 들보다는 산지에서 주로 자라니 설득력이 조금 떨어진다.

셋째, '벌'을 꿀벌로 해석하기도 한다. 꿀이 풍부해서 벌들이 깨알처럼 모여든다는 뜻이라는 것이다. 그러나 벌깨덩굴에 유독 꿀이 많다고 볼 수 없다는 이유를 들어 이 같은 설명에 부정적인 견해를 갖는 사람도 있다.

개인적으로 이 식물에서 가장 인상 깊은 부분은 바로 꽃 아랫입술에 소복하게 돋아 있는 '흰 수염'이다. 자연의 세계에서는 그 어느 것도 이유 없이 존재하는 것이 없을 터인데 아무리 생각해도 이 수염의 용도를 모르겠다. 축축한 그늘 속에 피어나는 보잘것없어 보이는 들풀이지만 그 이야기만큼은 예사롭지 않다.

수까치깨

벽오동과 까치깨속의 한해살이풀이다. 수까치깨는 까치깨에 비해 잎 양면에 별 모양의 털이 있고, 꽃이 크고 꽃받침잎이 뒤로 완전히 젖혀져 있다는 점에서 구별된다. '수'라는 의미도 털이 많은 특징에 빗대어 붙인 것이라 설명한다. '국가표준식물목록'에는 암까치깨가 따로 등록되어 있다는데 실제 야외에서 관찰된 사례는 없는 것으로 알려져 있다. 수까치깨는 전국에서 흔히 볼 수 있지만, 까치깨는 눈에 잘 띄지 않는다.

까치깨라는 이름은 일본의 '까마귀의 깨'와 연결된 것으로 본다. 일본에서는 '胡麻(호마)'라고 표기하고 '고마'라 읽는다. 이는 식물의 속명 코르코롭시스(*Corchoropsis*)와 관련이 있는데 황마(黃麻, Corchorys)와 비슷하다(opsis)는 의미다. 실제로 까치깨의 잎은 황마 잎과 많이 닮았다. 일본 사람들은 이 식물의 이름을 지을 때 속명에 등장하는 黃麻(황마)의 麻(마) 자에 주목해서 胡麻(호마)라는 단어를 찾아냈다. 마침 그 열매도 깨와 비슷하니 나름 합리적인 작명을 한 셈이다.

그런데 의문이 하나 생긴다. 까치깨는 외래종이 아니라고 한다. 그러니 일본의 식물 이름을 빌려다 썼다는 설명이 조금 애매해진다. 이에 따라 까치깨라는 이름은 '열매가 참깨를 닮기는 했어도 쓰임새가 없어 깨보다 못하다'는 의미로 쓰인 것으로 설명한다. 이재능은 '까치 설날(이른 설, 가짜 설)'을 그 예로 들어 까치깨를 '가짜 깨'라는 의미로 썼을지도 모른다는 주장을 한다. 상당히 설득력이 있다.

수까치깨 열매(밤골계곡, 2020.10.11.)

수까치깨는 8~9월에 노란색 꽃을 피워낸다. 꽃을 들여다보면 눈에 확 띄는 부분이 있다. 꽃잎 밖으로 길게 돌출된 헛수술, 즉 가짜 수술이다. 수까치깨 꽃은 암술 하나, 수술 10개 그리고 헛수술이 5개인데 이 중 헛수술이 가장 도드라져 보인다. 초가을이 되면 밤골계곡 산책로 주변으로 수까치깨와 함께 새팥, 돌콩, 들깨풀, 개여뀌 등이 어우러져 꽤 볼 만한 풍경이 펼쳐진다.

수까치깨(밤골계곡, 2020.9.1.)

차즈기

차즈기는 꿀풀과의 한해살이풀이다. 차조기, 소엽(蘇葉), 자소엽(紫蘇葉) 등이라고도 한다. 일반인 사이에서는 자소엽이라는 이름이 더 잘 알려진 듯하다. 요즘 유행하는 '어자녹'은 어성초, 자소엽, 녹차를 배합해 만든 한방 샴푸로 발모에 효과가 있다고 알려져 있다. 차즈기는 중국에서 들여온 재배작물이지만 밭 주변에서 자생하기도 한다. 중국 중남부, 대만 등지에서 주로 관찰되는데 그곳에서도 재배작물로 알려져 있다. 잎이 녹색이면서 흰색 꽃이 피는 것은 청소엽이라 해서 따로 구분한다. 차즈기 역시 '깨의 영역'에서 벗어나지 못한다. 차즈기는 들깨 사촌이다. 잎과 꽃 색깔만 자주색일 뿐 거의 들깨와 다름이 없다. 나도 감쪽같이 속았다. 알고 보니 나만 그런 게 아니었다. 우리 먼 조상들도 15세기까지는 차즈기와 들깨를 같은 식물로 취급했다.

차즈기(밤골계곡, 2020.9.22.)
잎과 꽃의 색깔만 자주색일 뿐 들깨를 쏙 빼닮았다.

늦여름에서 초가을 사이에 줄기와 가지 끝 송이꽃차례에서 자주색 꽃이 촘촘히 피어 있는 모양새는 영락없이 '자주들깨'다. 그런데 차즈기라는 이름을 듣는 순간 어딘가 우리말 같지 않다는 느낌이 강하게 든다. 그래서 그 유래를 찾아봤더니 우리말이 맞긴 맞다. 역시 우리말은 어렵고도 묘미가 있다. 차즈기의 어원은 15~17세기까지 거슬러 올라간다. 15세기 말 《구급간이방(救急簡易方)》, 17세기 《산림경제(山林經濟)》에서 차즈기라는 표기가 발견된다. 이는 한자명 자소(紫蘇)를 우리말로 발음한 것이다. 중국에서 이 작물을 들여오면서 우리말화한 것으로 짐작된다. 중국에서는 야생자소(野生紫蘇), 일본에서는 시소속(紫蘇屬자소속) 등으로 불린다. 자소의 자(紫)는 꽃과 잎이 모두 자주색이라는 뜻이고, 소(蘇)는 약성이 기분을 상쾌하게 한다는 뜻이다. 현재 중국에서는 자소를 들깨를 지칭하는 말로 쓰인다.

핫립세이지

핫립세이지(Hot lips sage)는 꿀풀과 배암차즈기속의 여러해살이풀이다. 미국 남부, 멕시코가 고향으로 화단이나 화분에서 키우는 대표적인 원예식물 중 하나다. 영어명은 입술 모양의 화려한 꽃잎을 달고 있음을 빗대어 붙였다. 꽃 전체가 붉은색인 것을 체리세이지, 흰색 바탕에 아랫입술만 붉은색인 것은 핫립세이지라고 해서 구분한다.

핫립세이지는 체리세이지의 변종 중 하나인 것으로 알려졌다. 그러나 한 그루에서 두 종류의 꽃이 피는 경우도 보고되고 있어 식물학적으로 둘을 명확히 구분하기는 어려운 듯하다. 학명으로는 체리세이지를 *Salvia microphylla*, 핫립세이지를 *Salvia microphylla* 'Hot Lips'로 표기한다.

배암차즈기속의 속명 살비아(*Salvia*)는 치료하다(salvare)라는 뜻의 라틴어에서 유래하는데 이름 그대로 대부분 약재나 요리용으로 쓰인다. 배암차즈기는 뱀과 차즈기의 합성어다. 꽃 입술을 옆에서 본 모양이 마치 쩍 벌린 뱀의 입 같다고 해서 붙인 이름인데 이는 꿀풀과 살비아속(*Salvia* spp.) 식물의 특징이기도 하다. 한편 '야생의 차즈기'라는 의미로 '뱀'을 붙인 것으로 해석하기도 한다. 배암차즈기속 식물은 정말 그 가계(家系)가 복잡하다.

핫립세이지(성남시청공원, 2021.11.6.)

'세이지'라는 이름이 붙은 이 속의 식물들은 대부분 '뱀이 입을 쩍 벌린 모습' 또는 '화려한 입술 모양' 등으로 그 꽃잎의 생김새를 표현하는데, 이 중에서도 새빨간 아랫입술을 강조한 것이 바로 핫립세이지다. 그런데 내 눈에는 닭 볏같이 생긴 윗입술이 먼저 눈에 들어온다. 모두송이꽃차례(총상화서總狀花序)에 옹기종기 피어 있는 꽃들이 마치 '횃대 위에 올라앉은 닭'처럼도 보인다. 볏이 달린 오리 같기도 하다. 핫립세이지, 그 족보 체계가 지극히 복잡하지만 이 들꽃에도 '깨'의 유전자가 숨어 있는 것이 분명하다.

들깨풀

들깨 가족을 언급하면서 들깨풀을 빼놓으면 섭섭해할 것이다. 들깨풀은 꿀풀과의 한해살이풀이다. 식물은 각자 좋아하는 환경 조건이 있어 특정한 지리적

들깨풀(밤골계곡, 2020.9.1.)

환경을 추정해볼 수 있는 단서가 된다. 특히 들깨풀이 그렇다. 농촌 산기슭의 서늘한 곳, 그중에서도 공기와 물이 잘 통하는 부드러운 흙으로 된 곳을 들깨풀이 가장 좋아한다. 이는 들깨풀의 뿌리가 아주 단순한 구조인 것과 관련이 깊다.

들깨풀이 좋아하는 땅은 농사짓기에도 유리하다. 인간의 입장에서 보면 들깨풀이 무성한 곳은 새로운 밭을 일구기가 최적인 장소다. 그런데 흥미롭게도 들깨풀은 결코 논이나 밭을 침범하지 않는다. 들깨풀을 잡초로 취급하지 않는 이유다.

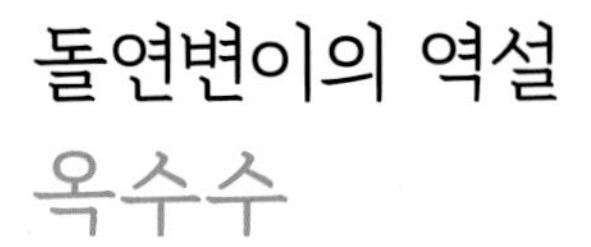

돌연변이의 역설
옥수수

중앙아메리카의 마야족은 신이 옥수수 반죽으로 인간을 만들었다고 믿는다. 현대 세계 인류가 옥수수 또는 그 옥수수를 먹고 자란 가축의 젖과 고기를 주식으로 삼는 것을 보면 틀린 말은 아닌 것 같다. 옥수수는 밀, 벼와 함께 세계 3대 식량작물의 하나다. 모든 식물의 최종 목표인 '지구 정복'에 성공했으니 옥수수 입장에서도 '대박'을 터뜨린 셈이다. 그러면 그 비결은 과연 무엇일까.

옥수수의 원조는 중앙아메리카의 건조한 불모지에서 자라는 테오신트(teosinte)라는 한해살이풀로 알려져 있다. 나뭇가지 같은 곁줄기에 좁다란 이삭이 열리는데, 지금의 옥수수처럼 '보호집'이 없어 익자마자 씨앗을 흩뿌린다고 한다. 그러니 당시 사람들이 이 씨앗을 채집해 식량으로 삼기가 쉽지 않았다. 그래서 사람들은 열매보다는 사탕수수를 닮은 줄기를 씹어 당분을 섭취하는 것으로 만족해야 했다. 이후 좀 더 편하게 테오신트를 얻기 위해 마을 주변에 적당한 공간을 선택해 테오신트를 재배하기 시작했다.

그러던 중 약 1만 년 전 어느 날 대이변이 일어났다. 테오신트 무리에서

낟알이 한 줄이 아닌 네 줄로 달리면서 옥수수 '이삭'처럼 잎의 변형 형태인 보호집을 스스로 단 돌연변이가 나타난 것이다. 달리 말하면 씨가 익자마자 흩어지지 않게 되었다는 뜻이다.

이는 분명 옥수수 입장에서는 아주 불행한 일이었지만 사람에게는 '로또 당첨'에 버금가는 놀라운 사건이었다. 사람들은 이 행운을 놓치지 않았다. '불행한' 옥수수 씨앗을 골라내 밭에 뿌리기 시작한 것이다. 그 결과, 인류는 70억 인구의 먹거리를 해결했고 옥수수는 지구를 정복했다.

밤골계곡 산책로 주변으로 크고 작은 주말농장이 여기저기 들어서 있다. 농장이라기보다는 집에서 좀 멀리 떨어진 텃밭 규모다. 모양새가 제각각인 텃밭에서는 주인의 취향에 따라 다양한 작물들이 자란다. 간혹 텃밭 울타리를 뛰어넘은 녀석들이 그 주변에서 '들꽃'으로 살아가기도 한다. 텃밭과 그 주변은 계절에 따라 수시로 풍경이 바뀌지만 한여름의 변화는 더 극적이다. 오죽하면 "오뉴월 병아리 하루 햇볕이 새롭다"라는 속담이 나왔겠는가. 여기서 오뉴월은 음력이다. 한여름 햇볕에 병아리도 하루가 다르게 쑥쑥 큰다는 뜻이다.

텃밭 작물 중 옥수수는 좀 남다른 식물이다. 수염도 있고 꼬리도 달렸다. 특별한 꽃도 핀다. 벼목 화본과 식물인 옥수수는 꽃가루받이(수분) 면에서는 풍매화(風媒花)에 속한다. 특정 매개체 없이 오직 바람에 의해 수정한다는 말이다. 그러니 충매화(蟲媒花)처럼 벌이나 나비가 필요하지 않아 이들을 유인하는 데 굳이 에너지를 쏟지 않아도 된다.

풍매화에는 암수딴그루(자웅이주)와 암수한그루(자웅동주) 두 종류가 있다. 버드나무와 은행나무 등은 암수딴그루, 밤나무나 옥수수는 암수한그루다. 풍매화의 꽃가루는 바람이 있으면 200미터 이상 날아가고 바람이 없을 때도

2미터까지 흩날려 주변 암꽃을 수정시킬 수 있다.

옥수수 수꽃은 바람을 최대한 활용하기 위해 전략적으로 줄기 맨 꼭대기에 자리 잡고 있다. 어릴 적 우리는 개꼬리라고 불렀다. 개꼬리가 나오고 30일 정도면 옥수수를 먹을 수 있다. 수꽃은 원추꽃차례에서 길이 1센티미터 정도의 각 이삭마다 작은 꽃이 2송이씩 핀다. 암꽃은 줄기의 잎겨드랑이에서 피는데 껍질 속에 숨어 있어 잘 보이지 않는다. 그 대신 20센티미터 정도인 암술자루(암술대)를 길게 늘어뜨려 그 끝에 있는 암술머리를 통해 바람에 날아온 수꽃의 꽃가루를 받아들인다. 이 암술자루가 바로 옥수수 수염이다.

풍매화는 속성상 일반적으로 작고 가벼운 꽃가루를 대량으로 생산해 바람에 실어 날려 보낸다. 이것이 바로 봄철 알레르기의 주범이다. 그런데 옥수수는 여느 풍매화와는 달리 상대적으로 크고 무거운 꽃가루를 만들어낸다. 이들은 약한 바람에는 잘 날리지 않는다는 약점이 있지만 멀리까지 날아가지 않고 바로 아래나 주변으로 떨어져 근처 암꽃에 쉽고 빠르게 접근할 수 있다는 장점도 있다. 오히려 수분 확률을 높이는 방법일지도 모른다.

수꽃이 바람에 날리다 암꽃에 닿으면 꽃가루받이가 일어나고 암꽃 수염은 옅은 황색에서 붉은색으로 그리고 갈색으로 변한다. 옥수수 열매가 달리기 시작한다는 신호다. 옥수수 알갱이는 암꽃 하나하나의 꽃술에 맺힌 열매들이다. 옥수수 껍질을 벗겨보면 수염뿌리가 길게 각각의 열매에 연결되어 있는 것을 볼 수 있다. 착 달라붙어 잘 떨어지지도 않는다. 최종태 강원도농업기술원장은 이를 사람으로 말하면 '탯줄' 같은 것이라고 했다. 절묘한 표현이다. 옥수수 알갱이는 보통 300~700개가 달린다고 하니, 이론적으로는 이 숫자만큼 옥수수 수염이 있어야 한다는 이야기다. 정말일까? 아주 심심하고 한가할 때

1 2
3

1 막 자라기 시작하는 옥수수 개꼬리(밤골계곡, 2020.7.29.)
수꽃 꽃차례인 개꼬리는 꽃가루받이에 바람을 최대한 이용하기 위해 가장 높은 꼭대기에 자리 잡고 있다.

2 활짝 핀 옥수수 개꼬리(밤골계곡, 2020.7.29.)

3 옥수수 수꽃(밤골계곡, 2020.7.30.)
이삭 하나에 빨간 고추 모양의 작은 꽃이 2송이씩 핀다.

한번 확인해 봐야겠다.

최근에는 옥수수의 놀라운 능력이 또 하나 발견되었다. 옥수수에는 천적이 많은데 그중 하나가 천공충류(穿孔虫類)이다. 먹성 좋은 천공충류가 제일 좋아하는 먹거리인 옥수수 줄기를 갉아 먹기 시작하면 옥수수는 휘발성이 강한 독특한 화학물질을 만들어냄으로써 이에 대응한다. 이 물질은 바람을 타고 멀리까지 확산되는데 그 목적지는 조그만 나나니벌의 콧구멍이다. 냄새를 맡은

풋옥수수 수염(밤골계곡, 2020.7.29.)
꽃가루받이에 성공하여 열매가 익기 시작하면 암술자루인 옥수수 수염이 붉은색에서 갈색으로 변한다.

익은 옥수수 수염(밤골계곡,2020.7.30.)
열매가 아무리 잘 여물어도 옥수수는 스스로 껍질을 벗지 못한다. 수염 색을 붉은색에서 갈색으로 바꿈으로써 사람들에게 신호를 보낼 뿐이다.

나나니벌은 여기저기에서 그 냄새를 따라 옥수수밭으로 일시에 모여든다.

흥미롭게도 그 대부분이 옥수수 천공충류의 애벌레에 기생하는 종이라는 점이다. 암컷 나나니벌은 천공충류 애벌레 몸뚱이 속에 알을 낳고, 알에서 깨어난 나나니벌 애벌레는 천공충류 애벌레 속을 갉아 먹으며 무럭무럭 자란다. 이때 놀라운 것은 나나니 애벌레는 천공충류 애벌레가 바로 죽지 않도록 생명에 지장이 없는 범위에서 조금씩 야금야금 먹어 치운다는 것이다. 그러니 옥수수 입장에서는 천공충류 애벌레가 바로 죽지 않아서 자신의 몸이 먹히는 것을 즉시 차단할 수는 없지만, 장기적으로 천공충류의 애벌레가 성충이 되는 것을 막음으로써 긴 안목에서는 자신을 지키는 훌륭한 방어체계를 갖추고 있는 셈이다.

더 놀라운 것은 농부들이 인위적으로 옥수수 잎을 자르거나 태풍에 의해 물리적 피해를 입을 경우에는 특유의 방어물질을 만들지 않는다는 점이다. 아로마 향기와 꽃의 색깔이 그렇듯이, 이러한 식물의 냄새는 나나니벌에게 그 숙주가 될 애벌레가 어디 있는지를 알려주는 신호다. 우리가 만들어낸 '향수'도 따지고 보면 이런 원리에서 작동하는 물질이다.

탄천 갓꽃

텃밭 작물 중에는 울타리를 넘어 아주 멀리까지 날아가 생각지도 않은 곳에서 뿌리를 내린 녀석도 적지 않다. 그중 하나가 갓이다. 탄천과 분당천 산책로에는 출처가 어딘지도 모르는 갓꽃들을 심심치 않게 볼 수 있다. 갓은 '변두리'에서 자란다는 의미에서 붙인 이름으로 해석한다. 갓의 원산지는 중앙아시아인데 삼국시대 무렵 중국을 통해 들여와 재배한 것으로 알려졌고, 재배를 하면 주변으로 쉽게 퍼져 경작지 부근에서 잘 자라기 때문에 이러한 생태특성에 따라 '갓'이라는 이름으로 불리게 되었다는 것이다. 그러니 산책로 주변 여기저기에서 자리를 잡고 살아가는 갓은 그 이름에 걸맞은 충실한 삶을 살고 있는 것이다.

갓은 십자화과의 해넘이한해살이풀이다. 자료에 따라 겨자과로 분류하기도 한다. 잎과 줄기는 채소로 이용하는데 특히 매운맛이 나는 뿌리잎은 김치의 재료로 활용된다. 역시 매운맛을 풍기는 작은 구슬 모양의 종자는 가루로 만들어 향신료로 사용하는데 이것이 바로 겨자다. 식물체 이름으로 갓은 간혹 겨자로 표기하기도 한다. 갓은 종류가 매우 다양해서 용도에 따라 각기 다

탄천 갓꽃(탄천, 2021.4.17.)
탄천에는 어디에서 왔는지도 모르는 갓들이 드문드문 뿌리를 내리고 노란색 꽃을 피운다.

른 갓을 이용한다. 주로 잎을 먹는 것은 곱슬겨자채와 적겨자채이고 향신료로 겨자를 만드는 데는 황겨자채가 쓰인다.

4~5월이면 길게 자란 줄기 위쪽의 모두송이꽃차례(총상화서)에서 노란색 꽃이 무리 지어 핀다. 그런데 이 꽃 모양이 유채꽃이나 배추꽃과 매우 비슷해서 여간해서는 구별하기가 쉽지 않다. 가장 쉬운 방법은 바로 잎 모양과 잎과 줄기의 관계를 비교해보는 것이다. 우선 기준이 되는 것이 잎자루의 유무다. 잎자루란 잎몸을 줄기나 가지에 붙게 하는 꼭지 부분을 말하는데 식물에 따라 길이가 다양하고 심지어 없는 경우도 있다. 일단 유채나 배추는 잎자루가 없고 갓은 잎자루가 있다. 잎자루가 없는 유채나 배추는 잎 자체가 줄기를 둥

↑ **갓잎**(탄천, 2020.5.13.)
갓은 잎자루가 있다.

← **유채꽃**(맹산환경생태학습원, 2020.4.30.)
유채는 잎자루가 없다.

글게 감싸고 있는데 이는 마치 치마폭으로 몸을 감고 있는 듯한 모양이다. 반면 잎자루가 있는 갓은 그 잎자루에 잎이 마치 줄기에 나뭇잎처럼 매달려 있는 것처럼 보인다.

그러면 유채와 배추는 어떻게 구별할까? 배추가 유채보다 상대적으로 잎이 넓다. 배추의 특성을 생각하면 쉽게 구별된다. 주의해야 할 것은 갓의 경우 땅 가까이 있는 줄기에서 나온 뿌리잎이 그 위쪽 줄기잎보다 넓으므로 잎을 비교할 때는 줄기잎을 관찰해야 한다는 점이다. 갓김치를 담글 때는 주로 뿌리잎을 쓴다.

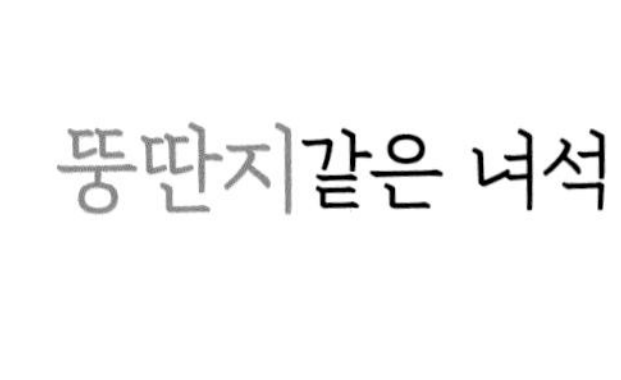

뚱딴지같은 녀석

뚱딴지는 덩이줄기가 울퉁불퉁하게 제멋대로 생겼다고 해서 붙인 이름이다. 흔히 돼지감자 또는 뚝감자라고 부른다. 중국과 일본에서는 국우(菊芋)라고 하는데 이는 국화를 닮은 토란이라는 뜻이다. 덩이줄기는 감자 모양이지만 꽃은 국화처럼 노란색 꽃이 핀다. 뚱딴지는 북아메리카에서 구황작물로 들여온 외래종으로, 유입 시기는 17세기 또는 19세기 말~20세기 초 등으로 알려졌으나 확실하지는 않다. 공식적으로는 1932년 서울 근교에서 돼지사료로 재배되기 시작했다는 기록이 남아 있다.

2020년 8월이 저물어갈 무렵 밤골계곡 산책길에서 어디선가 많이 본 듯한 노란색 꽃 한두 송이가 눈에 들어왔다. 알고 보니 뚱딴지다. 뚱딴지라는 말이 낯설다. 어릴 적 강원도에서는 주로 돼지감자라고 불렀다. 진짜 감자에 비하면 사실 맛은 별로였지만 먹을 게 귀하던 시절 요긴한 군것질거리였고, 흉작이 들었을 때는 허기진 배를 채워준 고마운 구황작물이기도 했다. 어릴 적 집 주변에서 숱하게 접했던 돼지감자이지만 그 꽃에 대한 기억은 남아 있지 않다.

뚱딴지는 3미터까지 곧게 자라는 훤칠한 키에다 늦여름에서 초가을 사이에 해바라기를 쏙 빼닮은 노란색 꽃을 피워낸다. 그리고 늦가을, 마른 줄기를 쑥 뽑아 올리면 땅속에서 감자 모양의 덩이줄기가 줄줄이 딸려 나온다. 울퉁불퉁한 게 좀 못생겨 보여도 감자는 감자다. 그런데 정작 이 녀석의 이름은 해바라기도 아니고 감자도 아닌 뚱딴지다. 이 뚱딴지만큼 생김새와 이름이 이렇게 안 어울리는 것도 또 있을까 싶다. 정말 뚱딴지같은 녀석이다.

뚱딴지의 학명 헬리안투스 투베로수스(*Helianthus tuberosus*)에도 별스러움이 고스란히 담겨 있다. 헬리안투스는 '태양을 향하는 꽃'이라는 그리스어에서 비롯된 말이고, 투베로수스는 '덩이줄기'를 뜻하는 라틴어다. 그렇다면 돼지감자보다는 차라리 '해바라기감자'가 어떨지 모르겠다.

뚱딴지(밤골계곡, 2020.8.21.)

뚱딴지(밤골계곡, 2020.8.26.)
키도 훤칠하고 해바라기를 쏙 빼닮은 노란색 꽃이 핀다.

20세기 초 우리 땅에 들어온 뚱딴지는 주로 돼지 먹이로 이용되었지만 때로 흉년이 들었을 때는 우리의 주린 배를 채워주기도 했다. 요즘에는 돼지 먹이보다는 관상용으로 더 많이 심는다. 그러니 이참에 돼지감자를 해바라기감자나 감자해바라기로 바꿔 불러주는 것도 나쁘지 않을 것 같다.

독초 나물
미국자리공

미국자리공은 1950년대 북아메리카에서 약초로 들여온 외래식물이지만 일찌감치 울타리를 벗어나 이제는 우리 땅의 토착 식물처럼 자라고 있다. 물론 이전부터 살고 있던 토종 자리공도 있지만 지금 우리가 보는 자리공은 대부분 미국자리공이다.

우리 주변에는 미국자리공과 같이 얼핏 토종처럼 보이는 외래식물이 꽤 많다. 개망초, 기생초 등이 그렇다. 그러나 오래전에 야생화되었음에도 미국자리공처럼 원래의 출신지를 이름에 버젓이 밝히는 들꽃도 흔치 않다. 미국자리공의 학명이 피톨라카 아메리카나(*Phytolacca americana*)이니 그럴 만도 하다.

내 눈에 비친 미국자리공의 이미지는 인디언 핑크다. 개인적으로 스카이블루와 함께 가장 좋아하는 색이다. 미국자리공은 줄기, 꽃대, 꽃잎, 열매 할 것 없이 온통 핑크빛이다. 정확히 말하면 흰색, 붉은색, 자주색, 보라색, 분홍색 등이 뒤섞여 있다. 일단 연보라로 물든 본줄기에서 총상꽃차례의 꽃대가 나오고, 6~9월이면 여기에서 붉은빛이 살짝 도는 흰색이나 짙은 자주색 꽃이 핀다. 가을이면 아주 짙은 자주색 열매가 열린다.

꽃송이를 한 줌 훑어 꽉 쥐어짜면 핑크빛 즙이 줄줄 흐를 것 같다. 미국 사람들도 내 생각과 비슷했던 모양이다. 그들은 특히 가을에 맺히는 자주색 열매에서 즙을 짜내 옷감에 자주색 물을 들였고 펜에 쿡 찍어 글씨를 쓰거나 그림을 그렸다. 그래서 얻은 별칭이 바로 잉크베리(Inkberry)다.

자리공은 독성이 있기는 하지만 잘 가공해 약용은 물

여름 미국자리공(포은정몽주선생묘역, 2020.7.15.)

가을 미국자리공(포은정몽주선생묘역, 2020.9.11.)

미국자리공(포은정몽주선생묘역, 2020.9.11.)

론 식용으로도 이용해 왔다. 경상도에서는 어린잎을 '장녹나물'이라 했고 도라지를 쏙 빼닮은 뿌리는 미상륙(美商陸)이라는 아주 생소한 이름의 약재가 되었다. 토종 자리공은 미국자리공보다 독성이 훨씬 강해 사약의 원료로 쓰이기도 했다.

미국자리공은 환경오염 지표식물이기도 하다. 보통 다른 식물이 잘 자라지 못하는 오염된 환경이나 산성화된 땅에서 잘 자라기 때문이다. 얼마 전까지만 해도 미국자리공이 토양을 산성화한다는 논란이 일기도 했지만 근거가 없는 것으로 밝혀졌다.

서양등골나물의 생물지리학

미국 대통령을 지낸 링컨의 어머니는 링컨이 아홉 살 때 우유병(milk sickness)이라는 희귀질환으로 인해 사망한 것으로 알려져 있다. 우유병은 미국 중부지방에서 유행했던 질병으로 독초를 먹은 소의 우유를 사람이 먹고 그 독에 중독되어 사망에 이르는 병이다. 초기에 미국 사람들은 이 병을 감염병의 하나로 오해했지만 아메리카 원주민 중 하나인 쇼니족(shawnee)에 의해 이 병의 주범이 독초인 서양등골나물인 것으로 밝혀졌다. 어쨌든 어머니의 죽음 이후 링컨은 한동안 우유를 입에도 대지 않았다고 한다. 물론 지금의 우유는 대부분 사료를 먹인 소의 젖이기 때문에 더 이상 우유병이 공포의 대상은 되지 않는다. 웃어야 할지 울어야 할지 모르겠다. 그런데 우리 주변에는 이 서양등골나물을 '깨풀'로 오해하고 나물로 뜯어가는 사람들이 꽤 많다고 하니 조심해야 할 일이다.

서양등골나물은 국화과 등골나물속의 여러해살이풀이다. 키는 1미터까지 자라고 8~10월에 머리모양꽃차례(두상화서頭狀花序)로 흰색 꽃이 10~25송이씩 뭉쳐서 핀다. 암술머리가 가늘게 둘로 갈라져 꽃부리 밖으로 돌출되어 있는 것이 특징이다. 등골나물에서 등골은 '등골이 빠진다'고 할 때의 바로 그 등골이다. 줄기가 곧게 자라 올라가면서 잎이 옆으로 뻗치는 모습이나 꽃술이 길게 밖으로 나온 모습에서 등골(척수脊髓)이 연상된다고 해서 붙인 이름으로 본다. 중국에서는 흰머리의 노파라는 뜻으로 백두파(白頭婆)라고 한다. 등골나물의 영어명은 본세트(Boneset), 즉 접골이라는 뜻이다. 골절된 뼈를 고정하기 위해 석고 대체용으로 이 식물의 뿌리를 이용한 데서 유래한 것으로 알려졌다.

서양등골나물의 '서양'이라는 접두어는 바로 북아메리카에서 들어온 귀화식물이라고 해서 붙인 것이다. 귀화식물이란 1876년 개항 후에 외국에서 들어온 식물을 가리키는데 이 시기를 기준으로 이전에 들어온 것을 사전귀화식물(구귀화식물 포함), 이후의 것을 신귀화식물로 구분하기도 한다. 서양등골나물은 1978년 당시 강원대 생물학과 교수 이우철 박사 팀에 의해 서울 남산에서 처음 발견된 후 수도권으로 퍼졌고, 지금은 전국 어느 곳에서나 흔히 관찰된다.

이렇게 빠른 기간에 서양등골나물이 자신의 생활권을 넓힐 수 있었던 것은 이들의 독특한 생태 특성도 한몫했을 것으로 본다. 서양등골나물은 양지나 음지를 가리지 않고 주로 빈터나 숲 가장자리의 척박한 땅에서 거침없이 잘 자란다. 이우철 박사에 따르면, 서양등골나물은 토양 조건이 좋아지면 오히려 자취를 감춘다고 하니, 정말 알다가도 모를 게 자연생태계의 속성이다.

어쩌면 우리가 알고 있는 모든 등골나물류에 '서양~'을 붙여도 문제없을 듯싶다. 우리가 토착종으로 알고 있는 일반 등골나물류도 사실은 신생대 3기(약 6500만 년 전~200만 년 전)에 북아메리카에서 베링해협을 건너 유라시아대

↑ 서양등골나물(밤골계곡, 2020.9.25.)
↓ 서양등골나물(밤골계곡, 2020.10.3.)

륙으로 들어왔기 때문이다. 조금 '오래된 외래종'일 뿐이다. 한반도를 포함한 북반구 중위도에 사는 온대 식물군의 생태 역사는 중생대(약 2억 5천만 년 전~6600만 년 전)까지 거슬러 올라간다. 그러니 약 2억 년 전에 한반도에 자리 잡고 살던 식물 입장에서 보면 약 6500만 년 전 이 땅에 들어온 등골나물류는 '아주 최근'의 외래종인 셈이다.

서양등골나물(밤골계곡, 2020.11.10.)

보통 지구적 규모에서 생물 이동은 아프리카에서 태어나 서에서 동으로 이동했던 호모사피엔스를 따라 점차적으로 이루어진 것으로 알려져 있다. 그런데 등골나물류는 이러한 경향성과는 정반대되는 역사를 갖고 있다. 생물지리학적으로 아주 흥미로운 녀석들이다.

외래종이니 생태교란종이니 말들이 많았지만 서양등골나물은 이제 엄연히 한반도의 들꽃으로 자리 잡았다. 귀화식물이 토종 식물보다 많아지는 요즘, 지구적 규모에서 보면 이들의 구분이 과연 어떤 의미가 있을까 하는 엉뚱한 생각도 든다. 지금 이 땅의 토종 식물도 신생대 3기에는 외래식물 취급을 받았지 않았던가.

가시박 0.25그램의 기적

가시박은 북아메리카에서 1990년 전후에 들어온 귀화식물로 처음 강원도 철원, 경기도 수원 일대에서 발견된 후 점차 전국으로 세력을 넓혀간 것으로 알려졌다. 환삼덩굴처럼 습기가 많은 땅을 좋아해서 하천 변에서 많이 번식하고 있는 것을 볼 수 있다. 일본에서는 '황무지에 사는 박'으로 알려졌는데 그만큼 거친 환경에 대한 적응 능력이 뛰어나다는 의미다.

가시박은 박과의 한해살이 덩굴식물이다. 생태적으로는 여러 면에서 호박이나 오이와 비슷하다. 가시박은 특히 열매에 가시가 있어 붙인 이름으로 이 가시는 동물들이 열매를 퍼뜨리는 데 아주 효과적으로 활용된다. 가시박의 꽃은 암수한그루로 7~10월에 잎겨드랑이에서 연한 황록색 꽃들이 모여 핀다. 꽃잎의 앞면에 녹색 줄무늬가 있는 것이 특징이다. 수꽃은 긴 꽃줄기 끝부분에서 총상꽃차례로, 암꽃은 짧은 꽃줄기에서 머리모양꽃차례로 모여 달린다.

《식물의 감각법(What a Plant Knows)》의 저자 대니얼 샤모비츠(Daniel Chamovitz)에 따르면, 식물도 사람처럼 세상을 느끼고 기억한다. 식물도 빛을 보고, 냄새를 맡고, 맛을 보고, 촉감을 느끼고, 소리를 듣는다는 것이다. 뿐만 아니라 자기 위치를 기억하고 과거까지 기억한다. 이른바 식물의 일곱 가지 감각이다.

식물은 누가 자신을 만진다는 사실을 아는 것은 물론, 날씨가 추운지 더운지도 구별하고 가지가 바람에 흔들린다는 것도 알아차린다. 특히 덩굴식물은 물체를 감지하는 촉각 능력이 발달한 것이 특징인데 그중의 으뜸은 바로 가시박이다.

가시박은 외부의 촉각적 자극에 사람보다 10배나 민감한 것으로 알려져 있다. 사람은 손가락에 올려진 실의 무게가 2그램이 되어야 비로소 느낌이 오는 데 비해 가시박은 고작 0.25그램 정도의 가벼운 실도 감지한다. 가시박은

가시박 꽃(탄천, 2020.10.12.)

가시박 덩굴손(탄천, 2020.10.12.)

이 정도로 예민한 촉각을 지닌 덩굴손으로 가까운 물체를 휘감는다.

우리는 습관적으로 시든 잎이나 꽃잎을 떼어내고 보기 싫은 나뭇가지를 톱으로 잘라낸다. 우리의 '통각'이 식물의 일곱 감각에 들어 있지 않은 것이 얼마나 다행인가?

미스킴라일락의 금의환향

잠시 우리 땅을 떠난 수수꽃다리가 '금의환향'한 미스킴라일락의 지리 여행은 워낙 유명해서 긴 설명이 필요 없을 정도다. 최근 몇 년 사이 5월의 정원이나 공원 꽃밭에는 미스킴라일락이 대세다. 자그마한 키에 보라색 덩어리 꽃이 피는 한동안은 그 향기가 온 동네를 진동한다.

미스킴라일락을 이야기하면서 빼놓으면 섭섭할 들꽃이 수수꽃다리다. 수수꽃다리는 물푸레나무과 수수꽃다리속의 낙엽떨기나무다. 나무 이름은 '수수꽃이 달린 나무'라는 뜻에서 비롯되었다고 한다. 가만히 들여다보면 정말 시골 밭에서 자라던 수수 이삭을 쏙 빼닮았다. 수수꽃다리는 우리나라 황해도 이북의 고유 자생종으로 유럽에서 들어온 라일락과 많이 혼동되는 꽃나무다. 그래서 라일락을 서양수수꽃다리라고도 한다.

수수꽃다리와 라일락은 워낙 비슷해서 이 둘을 구별하기가 쉽지 않다. 일단 전체적으로 수수꽃다리는 라일락에 비해 잎이 크고 꽃색이 진하며 곁가지가 덜 나온다는 것으로 구별할 수 있다. 잎과 꽃의 형태를 비교해보면 더 명확하게 구별할 수 있다. 잎의 경우 수수꽃다리는 길이와 폭이 비슷하고 라일락은 잎 길이가 폭보다 길다. 꽃의 경우 수수꽃다리의 가는 화관통부(花冠筒部)는 2센티미터, 라일락은 1센티미터 정도로 수수꽃다리가 두 배나 길다. 화관통부란 꽃잎 전체가 하나로 합쳐져 있는 꽃에서 통형 또는 깔때기 모양으로 된 부위를 말한다. 수선화, 분꽃 등에서 볼 수 있다.

토종 수수꽃다리, 밖에서 들어온 라일락, 잠시 한반도를 떠났다 지구를 한 바퀴 돌아 다시 돌아온 미스킴라일락, 매년 5월이면 이 '라일락 삼형제'의 꽃향기가 한반도에 가득 찬다. 그 여정이야 어찌 됐든 이들은 모두 우리의 향기로운 들꽃이다. 다문화의 지혜를 라일락 가족에게서 배우는 것도 괜찮을 것 같다.

수수꽃다리(성남시청공원, 2021.4.6.)

미스킴라일락(율동공원, 2021.5.1.)
요즘 공원에 부쩍 미스킴라일락이 많아졌다.

라일락(탑골공원, 2021.4.15.)

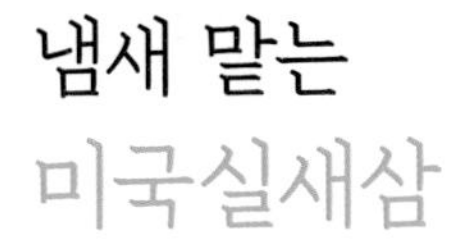

냄새 맡는 미국실새삼

'새삼과 겨우살이를 비교 설명하시오.'

어느 영재학교에서 출제되었던 시험문제라고 한다. 영재학교답다. 먼저 간단히 답한다면 새삼은 전(全)기생식물, 겨우살이는 반(半)기생식물이다. 기생식물은 기생 정도에 따라 전기생식물과 반기생식물로 구분한다. 전기생식물은 숙주식물의 물관과 체관으로 침투해 잎에서 만들어지는 영양분은 물론이고 뿌리에서 빨아들이는 물과 미네랄까지를 모두 빼앗는다. 반면 반기생식물은 스스로 광합성작용을 하기 때문에 주로 물이나 미네랄만 가져가거나 영양분은 아주 조금만 빼앗는다.

실새삼은 메꽃과의 한해살이 덩굴성 기생식물로 새삼에 비해 줄기가 실처럼 가느다란 것이 다르다. 여기에 미국이 붙은 것은 이름 그대로 미국에서 들어온 식물이라는 뜻이다. 전기생식물인 실새삼은 숙주식물에 덩굴을 감고 살면서 영양분을 흡수하기 때문에 뿌리와 잎이 없이 줄기로만 살아간다. 물론 처음 싹을 틔울 때는 뿌리가 있지만 줄기가 자라 숙주를 만나면 스스로 뿌리를 없애버린다. 이때부터 공중에 뜬 상태에서 한 해를 살아간다. 이렇게 뿌리가 없는 기생식물은 토양 조건과는 관계없이 숙주식물 종류에 의해 생태환경이 결정된다.

실새삼보다 줄기가 굵은 새삼은 주로 목본류에 기생하지만 실새삼은 콩과나 국화과, 마편초과 등 특정한 식물만을 고집한다. 숙주식물은 양분을 다 빼앗겨 결국 말라 죽는다. 실새삼의 정체성은 노란색 실처럼 가느다란 줄기다. 색은 상식을 뛰어넘는 강렬한 노랑이다. 게다가 잎도 없고 뿌리로 연결되어 있지도 않은 상태에서 숙주식물을 감고 뒤엉켜 있으니 도대체 어디가 아래이고 어디가 위인지 구분이 안 된다. 마치 녹색 식물 위에 노란 폐그물을 쳐놓은 듯한 풍경이다.

줄기 곳곳에 달린 흰색 덩어리 꽃이 그나마 이 녀석이 살아 있는 생명체임을 알려준다. 꽃은 7~10월에 줄기 곳곳에서 덩어리 형태로 모여서 핀다. 실새삼과 비슷한 종으로 미국실새삼이 있다. 둘은 꽃의 크기로 비교한다는데, 쉽지는 않은 것 같다. 어쨌든 꽃은 실새삼이 조금 더 크다고 한다.

식물은 사람처럼 코는 없지만 냄새를 맡을 수 있다. 방법만 다를 뿐이다. 열매가 익었을 때, 정원사의 가위에 이웃 식물이 잘려 나갔을 때, 벌레가 이웃 식물을 게걸스럽게 뜯어 먹을 때 풍기는 냄새를 알아차린다. 뿐만 아니라 좋아하는 냄새도 있고 싫어하는 냄새도 있다. 미국실새삼이 특히 그렇다.

미국실새삼은 가느다란 주황색 덩굴이 1미터까지 자라는 기생식물이다. 꽃잎이 다섯 장 달린 작은 흰색 꽃을 피우지만 잎과 엽록소가 없으므로 초록색은 찾아볼 수 없다. 미국실새삼은 기생식물이기는 하지만 일단 땅속에서 싹을 틔우고 뿌리를 내리고 줄기를 낸다. 그러고는 말라 죽기 전에 서둘러 숙주를 찾아 나선다.

미국실새삼(탄천, 2020.10.24.)
숙주식물에 덩굴을 감고 살면서 영양분을 흡수하기 때문에 뿌리와 잎이 없이 줄기로만 살아간다.

미국실새삼 꽃(탄천, 2020.10.24.)
덩어리 모양으로 꽃이 피지만 눈에 잘 띄지는 않는다.

미국실새삼은 냄새로 좋아하는 먹잇감을 찾는다. 사람으로 치면 음식점에서 메뉴를 고르는 것과 다름없다. 미국실새삼은 토마토 냄새와 밀 냄새를 구별할 줄 안다. 선택의 여지가 있으면 토마토를 적극 선택한다. 미국 펜실베니아주립대학교의 곤충학자 콘수엘로 데 모라에스(Consuelo de Moraes) 박사가 밝힌 내용이다. 미국실새삼이 토마토를 좋아하는 것은 미국실새삼이 좋아하는 베타미르센(β-myrcene)이라는 물질이 있기 때문이다. 그런데 이상한 점은 밀에도 똑같이 이 물질이 존재한다는 것이다. 그러면 유독 미국실새삼이 토마토를 고집하는 이유가 무엇일까. 이는 토마토 향이 복합 성분으로 되어 있기 때문인 것으로 알려져 있다. 토마토는 미국실새삼이 좋아하는 휘발성 물질을 두 가지 더 발산한다는 것이다.

반면 밀의 경우는 미국실새삼이 싫어하는 (Z)-3-헥세닐 아세테이트(hexenyl acetate)라는 물질을 함께 가지고 있다. 밀의 경우 미국실새삼이 베타미르센에 이끌리는 힘보다 이 성분을 거부하는 힘이 더 강하게 작용하는 것이다. 숙주를 찾고 있던 미국실새삼의 새싹 윗부분이 토마토 잎에 닿으면 잎 대신 그 아래 줄기를 찾아서 둘레를 감싸 토마토의 체관에 미세한 돌기들을 꽂고 포도당을 빨아 먹기 시작한다. 미국실새삼이 무럭무럭 자라는 사이 토마토는 결국 시들어버리고 만다. 토마토 농사를 짓는 농부들에게 이보다 심각한 골칫거리는 없다.

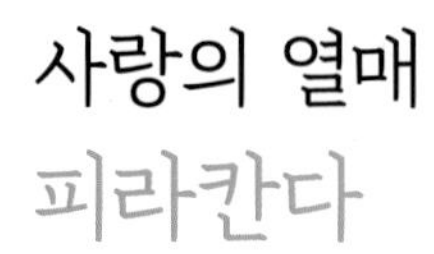

사랑의 열매
피라칸다

피라칸다는 장미과 피라칸다속(*Pyracantha*)의 상록관목으로 피라칸타라고도 한다. 이름도 낯설고 발음하기도 어려운 이 나무의 고향은 중국 양쯔강 이남 지역이다. 피라칸다속에 속한 식물이 몇몇 있지만, 아직 우리말 이름이 명확하게 규정되지 않아 그냥 뭉뚱그려 피라칸다라고 한다. 피라칸다는 관목의 특성답게 줄기가 여러 갈래로 갈라지면서 서로 엉키는 데다 송곳 같은 가시까지 있어 천연 울타리로 그만이다. 키는 4미터 정도까지 자란다. 원래 따뜻한 지역 출신이라 우리나라에서는 주로 중남부지방에서 잘 자라지만 최근에는 추위에 잘 적응해 수도권 지역에서도 큰 어려움 없이 겨울을 난다.

가을에 만난 피라칸다에는 콩알 같은 붉은 열매들이 주렁주렁 달려 있다. 아니, 다닥다닥이라는 표현이 더 적절하겠다. 그 모습은 내로라하는 여름 꽃들 못지않게 화려하고도 예쁘다. 푸른 하늘을 배경으로 상록의 잎사귀와 어우러진 새빨간 열매 색깔이 한층 더 선명하다. 공원이나 정원의 관상수로 이보다 더 좋은 나무도 없을 듯하다.

가을에 여무는 열매 대부분은 빨간색이다. 왜 그럴까. 한마디로 새들의 눈에 잘 띄게 하기 위해서다. 물론 새들이 유독 빨간색을 좋아하는 것은 아니다. 이 빨간색은 녹색의 잎과 가장 뚜렷하게 대비되는 색으로 알려져 있다. 식물은 이른바 빨간색의 '보색 효과'를 십분 이용하는 것이다.

가을이 깊어가는 2020년 11월 초순, 판교 화랑공원 북쪽에 자리한 판교환경생태학습원 호숫가에서 피라칸다를 처음 만났다. 학습원 건물 주차장에서 나오면 바로 야외학습원을 지나 화랑공원으로 이어지는데 입구 왼쪽이 바로 생태호수다.

지금까지 이렇게 아름다운 나무 열매를 본 적이 있는가 싶다. 그냥 내버려두지 않고 정성 들여 가꾸고 관리를 잘한 덕이기도 할 것이다. 피라칸다의 꽃말은 '알알이 영근 사랑'이다. 말하자면 '사랑의 열매'다. 세상의 많은 꽃이 다들 나름의 꽃말이 있지만 이 피라칸다만큼 꽃말이 잘 어울리는 녀석도 없을 것이다.

사랑의 열매 하면 떠오르는 것 중 하나는 '나, 가족, 이웃'을 상징하는 사회복지공동모금회의 공식 기업 이미지다. 녹색 줄기에 둥그런 빨간 열매가 3개 달려 있다. 물론 원래 사랑의 열매는 녹색 줄기가 아니라 빨간색 줄기였고, 둥근 열매가 아니라 타원형에 가까웠던 것이 지금처럼 변했다고 한

9월 피라칸다(탄천, 2021.9.4.)

↑ 10월 피라칸다(탄천, 2021.10.23.)

← 11월 피라칸다(화랑공원, 2020.11.11.)

다. 그러면 이러한 조건을 만족시킬 만한 사랑의 열매의 실제 모델은 무엇일까? 사회복지공동모금회의에서는 단지 우리의 토종산 열매를 '형상화'한 것이라고만 밝히고 있지만 그 형상화에 아이디어를 제공한 열매가 있지 않을까?

식물 연구자들은 사랑의 열매 후보군으로 호랑가시나무, 백당나무, 마가목, 덜꿩나무, 가막살나무, 청미래덩굴, 낙상홍, 미국낙상홍, 비목나무, 대팻집나무, 산수유, 백량금, 피라칸다, 팥배나무 등을 꼽는다. 낙상홍은 일본에서 왔다고 해서 일본낙상홍이라고도 한다. 낙엽이 진 후에 서리가 내릴 때까지 빨간 열매가 달려 있다고 해서 낙상홍(落霜紅)이다. 이 14종 가운데 우리 동네에서 쉽게 볼 수 있는 것만 해도 9종이 된다. 그동안 사랑의 열매 후보로 특히 주목받은 것은 백당나무다. 이는 2003년 2월 산림청에서 백당나무를 이달의 나무로 선정하면서 사랑의 열매와 닮은 점을 언급한 데서 기인한다. 그러나 사

낙상홍(중앙공원, 2021.11.22.)
열매는 5mm 정도로 미국낙상홍보다 작은 것이 특징이다.

낙상홍 잎(야탑천, 2021.11.3.)
잎 가장자리에 날카로운 톱니가 있다.

미국낙상홍(야탑천, 2021.11.3.)
잎 가장자리가 밋밋하고 열매는 8mm 정도로 낙상홍보다 조금 크다.

팥배나무(밤골계곡, 2021.11.1.)

실 두루뭉술 '닮은 점'만 놓고 보면 그 범주에 속하지 않는 후보들이 어디 있겠는가. 어차피 사랑의 열매가 '식물학적 지식'에 근거한 것이 아닌 다음에야 백당나무이면 어떻고 팥배나무이면 또 어떤가? 사랑의 눈으로 바라보면 모든 게 사랑의 열매인 것을.

새콩과 새팥

지금은 거의 잊혔지만 〈콩쥐팥쥐〉는 아주 오래된 신데렐라계의 전래동화다. 어렸을 적 〈콩쥐팥쥐〉 이야기를 접하면서 가장 궁금했던 것은 왜 하필이면 두 딸의 이름이 콩쥐이고 팥쥐였던가 하는 점이었다. 다만 여기서 유의할 것은 콩쥐팥쥐의 '쥐'가 우리가 잘 아는 짐승 쥐가 아니라 옛 여자 이름으로 많이 쓰인 '조이'가 변형된 것으로 알려져 있다. 어쨌든 왜 콩이고 팥이었을까? 그 단서를 〈쌀쥐보리쥐〉에서 찾을 수도 있겠다. 〈쌀쥐보리쥐〉는 현대에 지은 〈콩쥐팥쥐〉의 패러디 동화다. 쌀과 보리는 우리의 대표 주식이었고, 콩과 팥은 대표 부식이었지 않은가?

콩과 팥은 우리의 식문화에서 가장 먼저 밥상에 올라오는 잡곡이다. 콩과 팥은 우리 주변에서 아주 흔하게 눈에 보이는 작물이자 들꽃이었다. 울타리 안에서는 작물이, 울타리 밖에서는 들꽃이 자라고 있었다. 작물 이름은 콩과 팥, 들꽃 이름은 새콩, 새팥이다. 따지고 보면 울타리 안의 작물도 원래 바깥에서 자유롭게 살아가던 들꽃 무리 중 하나였다. 새콩과 새팥은 사람들의 손에 의해 울타리 안에서 길들여졌지만 그들의 조상들은 여전히 울타리 밖에서 그들의 이름과 유전자를 간직한 채 살아간다.

새콩은 농촌의 집 주변이나 밭 울타리에 기대어 살아가는 야생 콩의 하나로 일종의 터주식물이다. 강원도에서는 들콩이라고도 부른다. 새콩의 가장 큰 특징은 땅 위와 땅속 두 곳에서 꽃이 핀다는 점이다. 물론 땅속의 꽃은 땅속줄기 끝에 달린 것으로 실제로 꽃이 피지 않는 폐쇄화(닫힌꽃)다. 그러나 꽃은 꽃이니 자가수분을 통해 열매도 맺는다.

폐쇄화는 식물이 열악한 자연환경을 극복하기 위해 선택한 진화적 산물로 알려져 있다. 물봉선속, 제비꽃속, 닭의장풀속 등이 여기에 해당된다. 새콩의 속명인 암피칼페아(*Amphicarpaea*)도 양쪽(amphi)과 열매(carpos)를 의미하는 그리스어를 합성한 것이다. 땅 위 열매가 넓적한 모양이라면 땅속 열매는 좀 더 크고 둥글다. 이러한 땅속 열매의 생태적 특성은 땅콩을 닮았는데, 이는 새콩과 비슷한 돌콩이 대두(大豆)를 닮은 것과 차별화된다. 꽃은 모두송이꽃차례(총상화서)에서 8~9월에 연한 자주색으로 핀다.

새콩에서 '새'의 기원은 정확히 알려져 있지 않지만 작고 보잘것없다는 의미일 것이라는 견해가 나름 설득력이 있다. 물론 내 눈에는 꽃의 생김새가 나비 같기도 하고 새를 닮은 것 같기도 하다. 또 어릴 적 기차놀이할 때 쓰던 고무신을 꺾어놓은 듯한 모양새이기도 하다.

새콩과 비슷한 것이 돌콩이다. 새콩과 함께 우리가 밭에서 재배하는 콩의 원조인 야생 콩 중 하나다. 한여름에 피어나는 꽃은 그 모양이 나비를 쏙 빼닮았다. 새콩의 꽃이 좀 길쭉한 데 비해 돌콩은 동글동글하고 더 작아서 꽃만으로도 쉽게 구별된다. 생태적으로는 새콩보다 돌콩이 기후 적응력이 훨씬 강해서 더 흔하게 관찰된다.

1 2
3
4 5

1 야생의 새콩 꽃(밤골계곡, 2020.9.15.)
2 야생의 새콩 잎(밤골계곡, 2020.9.14.)
3 야생의 새콩 열매(밤골계곡, 2020.10.11.)
4 야생의 돌콩 꽃(율동공원, 2021.8.24.)
5 야생의 돌콩 덩굴(율동공원, 2021.8.24.)
나무 기둥을 타고 올라가는 기술이 보통 아니다.

새팥은 새[鳥]와 팥(소두小豆)의 합성어로 '팥과 닮았지만 팥보다 쓰임새가 못한 야생의 것'이라는 의미로 쓰인 것으로 본다. 식물 이름에 쓰이는 새는 개[犬]와 마찬가지로 품질이 낮거나 모양이 다를 경우에 붙이는 접두어다. 지금 우리가 먹는 팥이 이 야생의 새팥을 개량한 것이라는 점을 고려하면 '새'가 '마을 사이의 빈터'라는 의미일 가능성도 꽤 높다.

새팥은 보통 8~9월에 연노랑색 나비 모양의 꽃이 핀다. 내 경우 시골에서 자랐고 팥밭을 수없이 지나다니면서 봤을 테지만 팥꽃이 어떻게 생겼는지 기억에 남아 있지 않다. 그 팥꽃을 2021년 8월 초순 포은정몽주선생묘역 산책로 도랑 속에서 발견했다. 물론 그 옛날의 팥과는 다른 야생 팥이다.

밭에서 재배되는 팥(포은정몽주선생묘역, 2021.8.22.)

사실 새팥을 처음 보는 순간 그리고 수십 컷의 사진을 찍으면서도 내내 팥꽃이라고는 상상도 못 했다. 일단 잎이 콩잎처럼 생겼기에 '콩과' 식물인가 보다 하고 짐작만 했을 뿐이다. 집에 돌아와 식물도감을 확인했더니 콩과이기는 하지만은 콩은 아니고 팥이란다. 어쨌든 팥꽃을 사진으로 찍은 것은 내 생애 처음이었다. 새팥을 들여다보면서 꽃이 예쁘기는 하지만 뭔가 '어색하다'는 느낌이 들었다. 그러면서도 정작 그 이유를 정확히 몰랐다. 알고 보니 이는 바로 새팥의 특징인 용골판(龍骨瓣) 모양 때문이었다.

용골판은 콩과 식물 꽃의 화관에서 가장 밑에 있는 꽃잎으로 보통 암술과 수술을 감싸고 있다. 새팥의 용골판은 콩과는 달리 2개가 합쳐져서 오른쪽

야생 새팥 꽃(포은정몽주선생묘역, 2020.9.1.)
암술과 수술을 감싸고 있는 용골판이 콩과는 달리 2개가 합쳐져서 오른쪽으로 꼬여 있어 전체적인 꽃 모양이 비대칭을 이룬다.

야생 새팥 잎(포은정몽주선생묘역, 2020.8.1.)

으로 꼬여 있고 암술대도 용골판 속에서 함께 꼬부라져 있는 것이 특징이다. 한마디로 콩꽃은 대칭인 데 비해 팥꽃은 비대칭이다. 이재능은 그의 책《꽃들이 나에게 들려준 이야기》에서 다음과 같이 명쾌하게 설명하고 있다.

"식물학 용어를 조금 써서 설명하자면 콩은 용골이 반듯하고, 팥은 용골이 꼬여 있다. 용골의 사전적 의미는 뱃머리로부터 배의 꼬리까지 배를 지탱하는 등뼈다. 식물학에서는 이를 콩과 식물의 꽃에서 특징적으로 나타나는 모양으로, 뱃머리나 여자 고무신 코처럼 생긴 부분으로 정의한다. 팥꽃은 이 용골이 대칭이 아니고 골뱅이처럼 꼬부라져 있다는 점에서 콩꽃과 구분된다."

미국부용과 중국부용

그 실체를 모르는 상태에서 미국부용을 딱 보면 처음 떠오르는 건 무궁화 아니면 접시꽃이다. 이들 셋 모두 '아욱과' 가족이니 그럴 만도 하다. 그러면 셋의 차이가 무엇일까? 가장 큰 차이점은 꽃의 크기다. 수치로 비교하자면 무궁화 7센티미터, 접시꽃 10센티미터, 미국부용 15센티미터이니 대략 그 크기는 1.5~2배 이상인 셈이다. 무궁화와 부용의 경우 꽃이 하늘을 향해 피는 데 비해 접시꽃은 똑바로 옆을 바라보는 것도 차이점이기는 하다. 그 모양이 납작한 접시 같다고 해서 접시꽃이다. 원래는 접시 모양의 열매에서 비롯되었지만 꽃 모양도 접시를 닮았다.

부용(芙蓉)은 원래 중국에서 '연꽃'을 달리 부르는 이름이었지만 지금은 전혀 다른 식물을 가리킨다. 부용의 초기 이름은 '나무에 피는 연꽃'이라는 뜻의 '목부용'이었다. 연꽃과 꽃 모양이 비슷하지만 연꽃과 달리 부용은 나무였기 때문이다. 시간이 흘러 여기에서 '목'이 떨어져 나간다. 이것이 중국에서 들어온 '부용', 즉 중국부용이다. 이 중국부용에 대해 미국에서 들어온 것이 바로 미국부용이다. 흥미로운 것은 중국부용과 달리 미국부용은 나무가 아니

접시꽃(탑골공원, 2021.6.27.)

라 풀이다. 그러니 미국부용이야말로 진짜 '연꽃'에 더 가까운 식물인 셈이다. 정말 복잡하다. 부용과 연꽃과의 관계도 복잡한데 중국부용과 미국부용도 헷갈린다. 둘을 구별하는 가장 확실한 기준은 잎 모양이다. 중국부용은 잎이 손가락 모양으로 갈라져 있지만 미국부용은 밋밋한 타원형이다.

2021년 8월 초, 율동공원 조각광장 산책로 옆 꽃밭에 한 무리의 미국부용이 한창 꽃망울을 터뜨리고 있었다. 그중 특히 내 눈길을 끈 것 중 하나는 함지박만 한 미국부용 꽃 속에 꼼짝 않고 앉아 있는 콩알만 한 곤충 한 마리였다. 알고 보니 신부날개매미충이다.

신부날개매미충은 노린재목 큰날개매미충과의 곤충이다. 매미목으로 분류한 자료도 있다. 길이는 9밀리미터로 매우 작다. 큼지막한 미국부용 꽃과 대

↑ → 미국부용
(율동공원, 2021.8.3.)

미국부용과 신부날개매미충(율동공원, 2021.8.3.)

비되어 실제보다 훨씬 더 작아 보인다. 신부날개매미충은 몸에 비해 날개가 크고 넓적한 것이 특징이다. 그물 모양으로 생긴 날개가 마치 신부의 면사포와 비슷하다고 해서 '신부'라는 이름을 얻었다. 신부날개매미충과 생김새가 아주 비슷한 부채날개매미충은 날개 끝에 진갈색의 테두리를 두르고 있는 것으로 구별된다. 매미충류는 농작물에 피해를 주는 해충으로 알려졌다.

참고한 자료

도서

DK『식물』편집 위원회, 박원순 옮김, 2020,《식물대백과사전》, 사이언스북스

강혜순, 2002,《꽃의 제국》, 다른세상

고정희, 2012,《식물, 세상의 은밀한 지배자》, 나무도시

국립수목원, 2019,《식별이 쉬운 나무도감》, 지오북

권동희, 2008,《한국지리 이야기》, 한울

권오길, 2015,《권오길이 찾은 발칙한 생물들》, 을유문화사

글공작소, 2017,《공부가 되는 식물도감》, 아름다운사람들

김강하, 2019,《클래식 인 더 가든》, 궁리

김성환, 2016,《화살표 식물도감》, 자연과생태

김영철 글 · 이승원 그림, 2019,《풀꽃 아저씨가 들려주는 우리 풀꽃 이야기》, 우리교육

김은규, 2013,《한국의 염생식물》, 자연과생태

김종원, 2013,《한국 식물 생태 보감》1, 자연과생태

______, 2016,《한국 식물 생태 보감》2, 자연과생태

김진석 · 김종환 · 김중현, 2018,《한국의 들꽃》, 돌베개

김태영 · 김진석, 2018,《한국의 나무》, 돌베개

김태우, 2021,《곤충 수업》, 흐름출판

김현숙, 2012,《컬러로 건강을 지키는 컬러테라피》, 대원사

남궁 준, 2003,《한국의 거미》, 교학사

대니얼 샤모비츠 지음, 권예리 옮김, 2019,《은밀하고 위대한 식물의 감각법》, 다른

데이비드 조지 해스컬 지음, 노승영 옮김, 2014,《숲에서 우주를 보다》, 에이도스

리처드 메이비 지음, 김윤경 옮김, 2018, 《춤추는 식물》, 글항아리
메이 R. 베렌바움 지음, 윤소영 옮김, 2005, 《살아 있는 모든 것의 정복자 곤충》, 다른세상
민충환 엮음, 2021, 《박완서 소설어 사전》, 아로파
백문기 · 신유항, 2014, 《한반도 나비 도감》, 자연과생태
베르나르 베르베르 지음, 이세욱 옮김, 2001, 《개미 1》, 열린책들
변현단 지음 · 안경자 그림, 2010, 《숲과 들을 접시에 담다, 들녘
손경희 그림 · 보리 글, 2016, 《나무 열매 나들이도감》, 보리
수잔네 파울젠 지음, 김숙희 옮김, 2002, 《식물은 우리에게 무엇인가》, 풀빛
스테파노 만쿠소 지음, 임희연 옮김, 2020, 《식물, 세계를 모험하다》, 더숲
________, 김현주 옮김, 2016, 《식물을 미치도록 사랑한 남자들》, 푸른지식
스티븐 제이 굴드 지음, 김동광 옮김, 2016, 《판다의 엄지》, 사이언스북스
스티븐 해로드 뷔흐너 지음, 박윤정 옮김, 2013, 《식물은 위대한 화학자》, 양문
신혜우 글 · 그림, 2021, 《식물학자의 노트》, 김영사
안드레아스 바를라게 지음, 류동수 옮김, 2020, 《실은 나도 식물이 알고 싶었어》, 애플북스
안소영 지음 · 강남미 그림, 2005, 《책만 보는 바보》, 보림
에드워드 윌슨 지음, 안소연 옮김, 2010, 《바이오필리아》, 사이언스북스
에마 미첼 지음, 신소희 옮김, 2020, 《야생의 위로》, 심심
에바 M. 셀허브 · 엘런 C. 로건 지음, 김유미 옮김, 2014, 《자연 몰입》, 해나무
윌리엄 C. 버거 지음, 채수문 옮김, 2010, 《꽃은 어떻게 세상을 바꾸었을까?》, 바이북스
유기억, 2018, 《꼬리에 꼬리를 무는 나무 이야기》, 지성사
_____, 2018, 《꼬리에 꼬리를 무는 풀 이야기》, 지성사
윤주복, 2010, 《나뭇잎 도감》, 진선books
_____, 2013, 《식물학습도감》, 진선아이
_____, 2019, 《화초 쉽게 찾기》, 진선books
_____, 2020, 《들꽃 쉽게 찾기》 진선books
이광만 · 소경자, 2015, 《겨울눈 도감》, 나무와문화연구소
이나가키 히데히로 지음, 서수지 옮김, 2019, 《세계사를 바꾼 13가지 식물》, 사람과나무사이
이나가키 히데히로 지음, 장은정 옮김, 2021, 《식물학 수업》, kyra
이나가키 히데히로 지음 · 미카미 오사무 그림, 최성현 옮김, 2006, 《풀들의 전략》, 도솔오두막
이동혁, 2019, 《화살표 풀꽃도감》, 자연과생태
이성규, 2016, 《신비한 식물의 세계》, 대원사
이소영, 2019, 《식물의 책》, 책읽는수요일

이유미 글 · 송기엽 사진, 2021, 《내 마음의 들꽃 산책》, 진선books
이재능, 2014, 《꽃들이 나에게 들려준 이야기》 1~4, 신구문화사
장은옥 · 서정근, 2009, 《202 식물도감 야생화》, 수풀미디어
정부희, 2010, 《곤충의 밥상》, 상상의숲
정연옥, 2020, 《365 야생화도감》, 가교출판
조나단 실버타운 지음, 진선미 옮김, 2010, 《씨앗의 자연사》, 양문
조민제 · 최동기 · 최성호 · 심미영 · 지용주 · 이웅 편저, 2021, 《한국 식물 이름의 유래 : 『조선식물 향명집』 주해서》, 심플라이프
페터 볼레벤 지음, 장혜경 옮김, 2016, 《나무 수업》, 위즈덤하우스
피터 톰킨스 · 크리스토퍼 버드 지음, 황금용 옮김, 1998, 《식물의 정신세계》, 정신세계사
한영식, 2020, 《곤충 쉽게 찾기》, 진선books
헬렌 & 윌리엄 바이넘 지음, 김경미 옮김, 2017, 《세상을 바꾼 경이로운 식물들》, 사람의무늬
황경택, 2019, 《만화로 떠나는 우리 동네 식물여행》, 뜨인돌
황호림, 2019, 《숲을 듣다》, 책나무출판사

신문과 잡지

권순경, '권순경 교수의 야생화 이야기'(31): "큰꽃으아리", 약업신문, 2015.6.10.
권혁세, "금꿩의다리", 여수넷통뉴스, 2019.7.29.
김민철, '김민철의 꽃이야기': "벌개미취 · 쑥부쟁이 · 구절초, 3대 들국화 간단 구분법", 조선일보, 2020.9.16.
김민철, '김민철의 꽃이야기': "산국의 향기, 감국의 단맛", 조선일보, 2020.10.13.
김오윤, "아까시나무는 정말 쓸모없는 나무인가요?", 나무신문, 2015.6.1.
김한솔, "잠자는 숲속의 식물 : 식물의 수면운동에 대하여", emedia, 2018.11.1.
김현정, '소년중앙': "별을 품은 꽃, 그 이름은 우주", 중앙일보, 2020.9.13.
류재근, '전문가칼럼': "큰물칭개나물 '발굴'의 의미와 수질오염 정화", 데일리한국, 2019.2.27.
문희일, "'아까시나무 꽃 피면 산불이 끝난다'는 데 5월 산불 급증 왜?", 경향신문, 2021.5.6.
박대문, '박대문의 야생초사랑': "한겨울 백당나무 열매와 사랑의 열매", 자유칼럼, 2020.12.15.
박창배, '남도의 멋을 찾아서'(17): " 21세기 다시 태어난 윤회매, 다음(茶愔) 김창덕", 시민의소리, 2016.9.29.
박하림, "'어떤 나무와 어울릴까?' 식물로 알아보는 심리테스트 출시", 쿠키뉴스, 2021.4.7.
백승훈, '사색의 향기': "오월 숲에서 만나는 귀부인-큰꽃으아리", 글로벌이코노믹, 2018.5.9.

변택주, '할아버지, 불교 정말 쉬워요'(60): "불상은 왜 머리카락이 있어요?", 불교신문, 2018.4.6.
서정남, '새로운 꽃식물' 240: "버들잎마편초", 원예산업신문, 2016.3.14.
송명훈, '특파원 eye': "헝가리 효자 '아까시나무' 재발견", KBS 뉴스, 2015.9.19.
양형호, "곰취야 동의나물이야… 산나물과 독초 구분법", 에코토피아, 2017.4.14.
왕성상, "희귀 · 멸종위기식물 '히어리'의 대량증식 비밀", 아시아경제, 2018.9.11.
유기억, '유기억의 야생화 이야기'(31): "왕고들빼기, 진정한 야생초의 왕", 넥스트데일리, 2016.3.24.
윤경호, '필동정담': "귀룽나무처럼", 매일경제, 2020.3.4.
윤주형, "유채는 노란색이다? 활짝 핀 보라유채는 어때?", 제민일보, 2020.5.21.
이규원, '올공의 꽃세상-22': "금꿩의다리", 월드코리안, 2018.7.23.
이동혁, '이동혁의 풀꽃나무 이야기': "새로 필 잎과 꽃을 품은 겨울눈으로 나무 구별해보자", 조선비즈, 2019.1.26.
이동혁, '풀꽃나무 이야기': "대청부채 미스터리는 아직 풀리지 않았다", IT조선, 2020.9.5.
_____, '풀꽃나무 이야기': "사랑의 열매를 찾아서", 비즈조선, 2014.1.3.
이상헌, "눈발이 하늘로 올라가는 듯한 독나방의 떼춤", 오마이뉴스, 2021.6.29.
이선, '이선의 인물과 식물': "훔볼트와 자귀나무", 경향신문, 2021.7.20.
이설희, "봄의 문을 여는 열쇠 '앵초'", 월간원예, 2020.4.11.
_____, "으아악!! 으아리꽃이 피었습니다", 월간원예, 2020.5.1.
이성규, '세상을 바꾼 발명품'(42): "아스피린", The science times 2016.1.04.
이순, "돌단풍-그저 바라만 보아도", 의약뉴스, 2021.3.29.
이정모, '이정모 칼럼': "호랑이는 천연기념물이 아니다", 한국일보, 2017.7.25.
이정우, '청년을 위한 불교기초강의'(35): "스님들은 왜 삭발하는가?", 불교신문, 2019.10.11.
임정수, "하이원, 겨울 눈꽃 사라진 자리에 '6월 순백의 눈꽃'", 아시아경제, 2021.5.28.
정진영, '식물왕 정진영'(37): "'서양등골나물'은 정말 황소개구리 같은 존재일까?", 헤럴드경제, 2015.10.22.
정태수, "팔순 앞둔 미 조각가 뜰 바위에 부처 새겨", 미주한국일보, 2019.6.20.
조길상, '오늘의 꽃': "황매화", 금강일보, 2019.3.20.
조상제, '조상제의 태화강 식물도감': "'나으리'의 꽃 나리", 울산신문, 2018.7.10.
조성미, 조성미의 '나무이야기' "자신을 지키기 위해 가지에 날개를 단 화살나무", 경인일보, 2019.11.25.
조수환, 전 의성공고 교장, "싸리 풋나무", 경북일보, 2020.01.30.
조용경, '조용경의 야생화 산책': "꿀로 가득한, 자잘한 자주색 꽃들의 집합 '꿀풀'", 데이터뉴스,

2019.7.17.
_____, '조용경의 야생화 산책': "어두운 숲속의 은하수, 개별꽃", 데이터뉴스, 2020.7.21.
_____, '조용경의 야생화 산책': "이른 봄 계곡의 바위틈에서 피어나는 돌단풍", 데이터뉴스, 2021.2.29.
_____, '조용경의 야생화 산책': "작고 앙증맞은 별모양의 애기나리", 데이터뉴스, 2021.4.27.
조현래, "비루하고 망령되다는 '망초' 풀이름과 광복절", 레디앙, 2018.8.14.
_____, "쑥부쟁이를 쑥부쟁이라 불러서는 안 되는 이유?", 레디앙, 2018.10.4.
조홍기, "청양군, 밀원수 '칠자화' 특화거리 조성", 충청뉴스, 2020.10.8.
조홍섭, "애니멀피플 생태와 진화", 한겨레신문, 2019.12.18.
최종태, "월요마당: 최종태 강원도농업기술원장 '옥수수 개꼬리와 수염'", 강원도민일보, 2019.8.5.
허성찬, "귀한 소금 대처품 붉나무… 종기에 특효약", 제주도민일보, 2021.10.10.
허태임, '나의 초록목록(草錄木錄)⑳': "여름의 싸리", 뉴스퀘스트, 2021.7.26.
Rainer Neumann, Jutta M. Schneider, Males sacrifice their legs to pacify aggressive females in a sexually cannibalistic spider, *Animal Behaviour*, Vol.159, Jan. 2020.

인터넷 사이트

국립생물자원관 한반도의 생물다양성 species.nibr.go.kr
국립수목원 kna.forest.go.kr
국립중앙과학관 www.science.go.kr
국립횡성숲체원 자율숲 hsfreefo.modoo.at, 자생식물MBTI
나무위키 https://namu.wiki
네이버 지식백과 https://terms.naver.com
두산백과 http://www.doopedia.co.kr
불교신문 TV http://www.ibulgyo.com
위키백과 ko.wikipedia.org
트리인포 www.treeinfo.net
한국민족문화대백과사전 encykorea.aks.ac.kr
향토문화전자대전 www.grandculture.net
KISTI의 과학향기 칼럼 http://www.kisti.re.kr

 찾아보기

|ㄱ|

|ㄴ|

|ㄷ~ㄹ|

|ㅈ|

|ㅊ|

|ㅌ|

|ㅍ|

|ㅎ|